DK 621.747.55:620.178.7

FORSCHUNGSBERICHTE DES LANDES NORDRHEIN-WESTFALEN

Nr. 914

Baurat Dipl.-Ing. Waldemar Gesell

Staatliche Ingenieurschule für Maschinenwesen, Duisburg

Zu Fragen der Strahlmittelprüfung

Als Manuskript gedruckt

WESTDEUTSCHER VERLAG / KÖLN UND OPLADEN

1961

ISBN 978-3-663-04154-2   ISBN 978-3-663-05600-3 (eBook)
DOI 10.1007/978-3-663-05600-3

Der Dank des Berichters

gilt all denen, die zum Erfolg dieser Arbeit beigetragen haben. Die Grunderfahrungen wurden in langen Reihenversuchen in ihrer Tendenz in den Übungen des Faches Gießerei-Maschinenkunde der Duisburger Hüttenschule (Staatl. Ing.-Schule für Maschinenwesen) herausgearbeitet, ehe an die eigentliche Erforschung der Zusammenhänge gegangen werden konnte. Diese Arbeit begann bereits 1951, ehe mit den eigentlichen Untersuchungen zu diesem Bericht begonnen wurde. Somit dient diese Arbeit der Erhärtung der gesamten Erfahrungen und unterbaut die Erkenntnisse durch speziell hierfür durchgeführte Versuche.

Der Berichter dankt

    dem Lande Nordrhein-Westfalen

        ohne dessen finanzielle Hilfe die Versuche nicht möglich gewesen wären,

    allen namhaften Herstellern von Strahlmitteln und Strahlmaschinen Deutschlands und der benachbarten Länder, die durch Überlassung von Versuchsmaterial, durch Vergleichsversuche oder durch Erfahrungsaustausch die Arbeit förderten

    dem Verein Deutscher Gießerei-Fachleute

        für die Überlassung einer Versuchseinrichtung

    seinen Studierenden für die oft mühseligen Vorversuche.

Nicht zuletzt dankt der Berichter seinen vorgesetzten Dienststellen, die der Arbeit ihr Wohlwollen entgegenbrachten.

Gliederung

1. Strahlmitteleinsatz in der Fertigung . . . . S. 7
   - 1.1 Das Prüfen von Produktionsgütern . . . . S. 7
   - 1.2 Die wirtschaftliche Bedeutung der Strahlmittel . . . . S. 9
   - 1.3 Der Einsatz der Strahlverfahrenstechnik . . . . S. 14
   - 1.4 Die Entwicklung der Strahlmittelarten und ihre Betriebsverbrauchszahlen . . . . S. 30

2. Einteilung der Strahlmittelprüfung . . . . S. 37
   - 2.1 Geschichtliche Entwicklung . . . . S. 37
   - 2.2 Aufgaben der Strahlmittelprüfung . . . . S. 41

3. Eigenschaftsprüfung von Strahlmitteln . . . . S. 43
   - 3.1 Einteilung der Eigenschaftsprüfung . . . . S. 43
   - 3.2 Zu speziellen Fragen der Eigenschaftsprüfung . . . . . S. 44
     - 3.21 Zur Bestimmung der chemischen Analyse und des Gefüges . . . . S. 44
     - 3.22 Zur Härtemessung von Strahlmitteln . . . . S. 48
     - 3.23 Zur Frage der Körnungskennzeichnung . . . . . . S. 58
     - 3.24 Zum Sieben von Strahlmitteln . . . . S. 74
     - 3.25 Zu Verunreinigungen, Kornform und Kornfehlern . . . . S. 81
     - 3.26 Zur Bestimmung physikalischer Kennwerte . . . . S. 90
     - 3.27 Eingangskontrolle der Strahlmittel . . . . S. 99

4. Betriebsprüfung von Strahlmitteln . . . . S. 117

5. Lebensdauer-Kennwerte der Labor-Untersuchungen . . . . . . S. 123
   - 5.1 Theoretische Betriebslebensdauer . . . . S. 123
   - 5.2 Theoretische Lebensdauer . . . . S. 138

6. Testmaschinen- und Einrichtungen . . . . S. 151
   - 6.1 Fallhammer nach Hurst . . . . S. 151
   - 6.2 Wirbelstrahler nach Mattson-Cargil . . . . S. 154
   - 6.3 Prüfmaschinen und -Geräte nach dem Strahlverfahren . . S. 158
     - 6.31 Prüfkabine für das Druckluftstrahlen . . . . . . S. 158
     - 6.32 Prüfkabine für das Schleuderstrahlen . . . . . . S. 162

6.321 Allgemeine Forderungen . . . . S. 162
6.322 Amerikanische Schleuderstrahl-
Prüfkabinen . . . . S. 164
6.323 Versuchsstrahlkabine "Daden" und
"Duisburg" . . . . S. 168

7. Wirkprüfung der Strahlmittel . . . . S. 172

8. Schlußbetrachtung . . . . S. 175

Literaturverzeichnis . . . . S. 178

Anhang . . . . S. 181

1. Strahlmittel-Einsatz in der Fertigung

1.1 Das Prüfen von Produktionsgütern

In der modernen industriellen Fertigung hat die "Kontrolle" eine maßgebliche Stellung erlangt. Das Überprüfen der Erzeugnisse auch während des Produktionsablaufes ist vielleicht mit eins der Kriterien der heutigen Herstellungstechnik. Sie erwies im Serien- und Austauschbau, vornehmlich der spanabhebenden Fertigung, ihre unumgängliche Notwendigkeit. Jedoch ergab sich daraus vielfach die anzutreffende Begriffsverbindung, daß "Kontrollieren" und "Prüfen" sich in erster Linie auf das Überwachen von Abmessungen an geometrisch fest umrissenen Werkstücken beziehen muß.

Fertigungen, die nicht an so genaue Abmessungen gebunden sind oder die nur Hilfsstoffe zum Erzeugen anderer Güter herstellen, gingen in der Vergangenheit oft nur zögernd dazu über, durch "geeignete" Prüfung auch ihre Produktionsgüte zu überwachen. Die fortschreitende Mechanisierung und der Schritt zur Automatisierung aber verlangt von diesen Herstellergruppen in zunehmendem Maße eine gleichbleibende Güte ihrer Stoffe. Der Grund hierfür liegt in der Tatsache, daß die Treffsicherheit der Enderzeugung in hochmechanisierten Anlagen in erster Linie von der Gleichmäßigkeit - weniger von der absoluten Höhe - aller an der Herstellung beteiligten Erzeugnisse und Verfahrensabläufe bestimmt wird. Somit erhebt sich die Forderung, auch die Gleichmäßigkeit der Hilfsstoffe zu garantieren.

Volkswirtschaftlich ist man darüber hinaus bemüht, einen ständigen Anstieg des Lebensstandards zu verwirklichen. Dabei sollen sich die Preise der Erzeugnisse möglichst nicht erhöhen bei sonst gesteigertem Einkommen jedes Lebenden, gleich ob er noch tätig an der Erzeugung teilnimmt oder wegen seines Alters Pension oder Rente bezieht. Dies ist bei der heute meist voll ausgewogenen Fertigung nur durch ständiges Rationalisieren möglich. Dabei müssen jetzt bereits Unkostengruppen voll in diese Überlegungen mit einbezogen werden, deren Anteil etwa 1 bis 2 % ausmachen. Ihre Bestgestaltung ist bereits heranzuziehen, um die Gesamtwirtschaftlichkeit einer Erzeugung zu gewährleisten. Zu dieser Unkostengruppe gehören auch die Strahlmittel [1]. Ihre Güte-Überwachung wird daher zunehmend mit in das Kontrollsystem der entsprechenden Fertigung einbezogen.

Schließlich stellte der Deutsche Normenausschuß in einer jüngsten Zuschrift an den Berichter (März 1960) in Übereinstimmung mit der auch hier zu vertretenden Ansicht fest, daß auch er in seinen Arbeiten das Strahlen mit verschiedenen Mitteln einer zunehmenden Bedeutung beimessen müsse und daß es an der Zeit wäre, über Strahlmittel und Strahleinrichtungen sowie über die Begriffsbestimmungen bald eine Norm herauszugeben.

Das Festlegen von Begriffen erfordert in erster Linie einen Überblick über das zu behandelnde Gebiet und Sinn für Systematik und Abstraktion bei eingehendem Urteilsvermögen über Randgebiete. In Verbindung mit praktischer Erfahrung mit den zu beschreibenden Materialien, Vorgängen und Erkenntnissen der Prüfvorgänge lassen sich dann sicher Definitionen finden, die dem Praktiker auch Aussagen vermitteln. Das Ergebnis einer Gemeinschaftsarbeit auf dem Gebiet Strahlmittel stellen die im Anhang aufgeführten Merkblätter dar. Gestützt auf das Kolleg über Strahlverfahren und Strahlmittel im Fach Gießerei-Maschinen an der Duisburger Hüttenschule (Staatl. Ing.-Schule für Maschinenwesen) regte der Berichter diese Gemeinschaftsarbeit an. Sie wurde von einer Arbeitsgruppe des VDG und des VDEh in die vorliegende Form gebracht. Die dort aufgeführten Definitionen werden hier als Grundlage der Begriffs-Festsetzung verwendet, so daß die Erklärung der benutzten Ausdrücke somit jeweils nicht vorgenommen wird.

Jede Nomenklatur kann jedoch nur den Anfang einer Normungsarbeit darstellen, die sich hier weitgehend auf Gütevorschriften, Prüf- und Abnahmebestimmungen erstrecken wird. Dabei sei bereits als "Güte- oder Abnahmebedingung" die Tatsache angesehen, daß z.B. die Anteile an Sollkorn durch Norm festgelegt sind. Dieses Beispiel soll dazu dienen, der oft vorhandenen Abneigung gegen den Begriff "Prüfvorschrift" entgegen zu wirken. Für die hier sichtbar werdende Normungsarbeit hatte sich der Berichter die Aufgabe gestellt, festzulegen, welche Aussage mit heute bekannten oder in der Zwischenzeit erarbeiteten Prüfverfahren bereits zu treffen sind. Die vorliegende Aufgabe will also klären helfen, welche Einflußgrößen beim "Prüfen von Strahlmitteln" auf das Ergebnis einwirken, und welche Aussagen mit den bekannten Prüfergebnissen zu machen sind.

1.2 Die wirtschaftliche Bedeutung der Strahlmittel

Die Strahlmittel als Werkzeuge der Strahlverfahren haben im Laufe des letzten Jahrzehnts ihren Einsatz wenigstens vervierfacht. Hierbei kann die Überlegung sich vornehmlich nur auf die Strahlmittel auf Eisenbasis stützen. Schwieriger ist der Nachweis bei mineralischen Strahlmitteln, da der Einsatz des Hauptvertreters dieser Gruppe, des Quarzsandes, möglichst zu verhindern ist [2]. Der Anteil anderer mineralischer Strahlmittel ist bisher nicht so groß, daß sie die Wirtschaftlichkeits-Betrachtungen nennenswert beeinflussen. Auch geht das Bestreben dahin, weitgehend metallische Strahlmittel an Stelle der mineralischen einzusetzen. Mineralische Stoffe lassen sich nicht in Schleuderstrahlanlagen verwenden, da sie zu schnell zu Staub zerschlagen werden. Der Einsatz von Druckluftstrahlanlagen aber ist durch die höheren Energiekosten der Luft wesentlich teurer, so daß somit gern auf metallische Strahlmittel übergegriffen wird. Somit bleibt den mineralischen Strahlmitteln das Abstrahlen von Bauwerken und Schiffen, also das "echte Freistrahlen" ohne Kabinen auf der Baustelle. Die hierfür eingesetzten Strahlmittelmengen (bisher fast ausschließlich Quarzsand) lassen sich nicht erfassen, da ihr Anteil aus den vorhandenen Wirtschaftsstatistiken nicht herausgeschält werden kann. Unabhängig hiervon möchte der Berichter seine an anderer Stelle getroffene Feststellung wiedergeben [2], daß nach seinem Dafürhalten heute kein technisch vertretbarer Grund angegeben werden kann, weshalb noch Quarzsand als Strahlmittel eingesetzt werden müßte. Die damit verbundene Gefahr einer Silikose-Erkrankung des Bedienenden sollte Anlaß genug sein, jeden erdenklichen Weg zu beschreiten, um das Quarzsandstrahlen auszuschließen.

Daher wird die Bedeutung der Strahlmittel ausschließlich an Eisenstrahlmitteln darzulegen sein. Neben diesen spielen als metallische Strahlmittel noch solche auf Aluminium-Basis eine technisch bedeutende Rolle. Sie traten in Deutschland etwa seit 1953 auf und vergrößern ihr Anwendungsgebiet zunehmend. Dabei verdrängen sie vornehmlich Quarzsand beim Putzen von Leichtmetall-Werkstücken. In selteneren Fällen ersetzen sie aber auch die dort gelegentlich eingesetzten Eisenstrahlmittel. Für die hier anzustellenden Wirtschaftlichkeits-Betrachtungen ist ihr Anteil nicht groß genug. Ihre technischen Vorteile dürfen jedoch nicht übersehen werden, wenn es sich um das Strahlen von Leichtmetall-Werkstücken handelt.

Die anzustellenden Überlegungen gehen von der Strahlmittel-Erzeugung des Jahres 1950 aus und vergleicht diese mit der der jüngsten Vergangenheit, also der des Jahres 1959.

Das Jahr 1950 ist deshalb als Ausgang gewählt, weil hier die heutige technische Entwicklung einsetzte, einerseits die Konsolidierung unserer Wirtschaft, aber auch der Beginn der modernen Strahlmitteltechnik in Deutschland. Gleichzeitig begann das Bemühen um eine wissenschaftliche Durchdringung der Strahlverfahrenstechnik und ihrer Teilgebiete, von denen eins die Strahlmittel darstellen. Das Jahr 1950 bietet sich schließlich auch deshalb an, weil der Einsatz der Strahlmittel zu dieser Zeit noch einfach zu überschauen ist. Neben Hartgußschrot- und Kies war praktisch nur Quarzsand vertreten. Der Hauptanteil wurde zum Putzen in der Gießerei verwendet. 20 % der Erzeugung wurden für "andere Verbraucher" verwendet. Hierbei handelte es sich vornehmlich um die Be- oder Verarbeitung von Steinen mit Hilfe von Steinsägen. Der heute stark vertretene Aufgabenkreis des mechanischen Entzunderns an Stelle des Beizens war kaum anzutreffen. Diese Entwicklung begann erst kurze Zeit danach. Praktisch waren um 1950 drei Anlagen zum mechanischen Entzundern bekannt, die von der Firma Vogel & Schemmann, Hagen-Kabel, erstellt waren. Sie liefen beim Eschweiler Bergwerksverein, Eschweiler, beim Trierer Walzwerk, Wuppertal und beim Eisenwerk Vincent Wiedeholt, Holzwickede. Import und Export an Strahlmitteln sind für 1950 vernachlässigbar.

Die Bedarfs- und Verbrauchs-Übersicht ist in Tabelle 1 aufgeführt. Wegen der Schwierigkeit, die in der Erfassung dieser Werte von Natur aus liegt, sei darauf verwiesen, daß die Zahlen nur im Sinne eines Überblicks zu gebrauchen sind. Die Zeile "Einsatz der Strahlverfahren" soll einen Hinweis über den Anstieg der Strahlverfahrenstechnik liefern. Dabei sind die in Tabelle 2 angeführten "Lebensdauerzahlen" zugrunde gelegt. Die höherlebigen Strahlmittel wurden also in äquivalente Mengen Hartguß umgerechnet und Import und Export gegeneinander ausgeglichen. Somit gibt der angeführte Wert den Umfang an, um den die Strahltechnik sich seit 1950 vergrößert hat. Sie hat also gut die 4,5fache Aufgabenmenge übernommen.

Unberücksichtigt bleibt dabei der zusätzlich übernommene Anteil der Fertigung, der bei den Standardmaschinen der Strahlverfahrenstechnik, also bei Drehtisch- und Trommelmaschinen durch konstruktive Verbesserungen erzielt wurde. Dieser Anteil kann mit 20 % geschätzt werden, bezogen auf diese Maschinengruppe. Jedoch läßt sich der Zuwachs für den Gesamtwert schwer angeben.

In der Zeile "Fertigungswert" wurden die dem Berichter bekannten mittleren Preise zugrunde gelegt, die heute (1959/60) der Verbraucher für das Material zu zahlen hat. Wiederum wurden Import und Export gegeneinander ausgewogen, so daß die Zeile etwa den Betrag enthält, den die deutsche Industrie für die von ihr benutzten Strahlmittel auf Eisenbasis frei Werk bezahlt.

T a b e l l e 1

Bedarf an Eisenstrahlmitteln in Deutschland

	1950	1959
Gußerzeugung GG GT GS	$1.885 \cdot 10^3$ to $95 \cdot 10^3$ to $176 \cdot 10^3$ to	$3.336 \cdot 10^3$ to $215 \cdot 10^3$ to $308 \cdot 10^3$ to
Strahlmittel Erzeugung GH GT GS ST	11 200 to nicht vorhanden nicht vorhanden nicht vorhanden	18 600 to 3 % von GH 800 to *) 4 200 to
Export **) GH ST	kaum vorhanden entfällt	1 800 to 1 200 to
Import GH GS ST	kaum vorhanden entfällt entfällt	2 400 to 750 to 700 to
Einsatz der Strahlverfahren	100 %	450 %
Fertigungswert *) für Deutschland	6,3 Mill DM	16,5 Mill DM

*) Geschätzt
**) GT nicht getrennt erfaßbar, jedoch gering.

Zur Vervollständigung dieser Übersicht erscheint es nötig, den relativen
Verbrauch an Strahlmitteln, also bezogen auf die durchgeführte Arbeit,
anzugeben. Wenn es schon Schwierigkeiten bereitet, die Werte der Tabelle 1 zu ermitteln, so ergeben sie sich für die in Tabelle 2 [3, 4, 5, 6, 7] zusammengestellten Werte noch in größerem Umfange. Es soll dabei
unberücksichtigt bleiben, daß das Strahlen von gegossenen Werkstücken
z.B. sehr davon abhängt, wie kompakt diese sind, d.h. wie groß (etwa)
das Verhältnis Oberfläche zu Volumen ist. Je kleiner dieser Wert wird,
desto kompakter sind in erster Annäherung die zu bearbeitenden Stücke.
Dann aber ist der Versuch an Strahlmittel je Tonne Erzeugung auch entsprechend niedrig, denn als Richtwert wird vielfach der Verbrauch je
Tonne gestrahlten Gutes angegeben. Nur in seltenen Fällen läßt sich
einwandfrei die gestrahlte Oberfläche als Bezugsgröße wählen, wie es
bei Blechen der Fall ist.

Nicht unberücksichtigt darf in diesem Zusammenhang die Tatsache bleiben,
daß der Verbrauch an Strahlmitteln nicht nur von der Arbeitsaufgabe und
den bestrahlten Werkstücken, sondern auch von der verwendeten Maschinenart abhängt. In der Regel kann gelten, daß die angeführten Werte der
Tabelle 2 dann gültig sind, wenn die gleiche Maschineneinrichtung benutzt wird und nur die Strahlmittel bei Umstellung geändert werden.
Ändert man jedoch die Maschineneinrichtung, behält aber das Strahlmittel bei, so werden sich in der Regel die Verbrauchszahlen mit verschieben. Wird über die Länge der Entwicklung hinweg bei einer Maschinengruppe stets ein erheblicher Mehrverbrauch als bei anderen Fabrikaten
auftreten, so wird sich dieser Hersteller zur Änderung seiner Konstruktion gezwungen sehen, sofern seine Maschine nicht besondere Vorzüge
besitzt. Diese müssen letztlich dazu führen, daß die Wirtschaftlichkeit
des Einsatzes trotz Mehrverbrauch an Strahlmitteln durch die sonstigen
Vorteile der Maschine voll ausgewogen werden. Der Berichter konnte,
wie er bereits 1954 [7] mitteilte, aus Gesprächen mit betriebswirtschaftlich interessierten Ingenieuren feststellen, daß diese auf Grund
umfassender statistischer Kenntnisse des Strahlmittelverbrauches beim
Bestrahlen etwa gleichartiger Werkstücke sich ein genaues Bild über die
unterschiedliche Wirkung der verschiedenen Maschinenkonstruktionen gebildet hatten. Ein Beispiel hierfür ist auch in der Literatur zu finden. O. PELTZER vergleicht die Wirtschaftlichkeit zweier Strahlanlagen
[8] für den gleichen Zweck. In beiden Anlagen ist der Verbrauch
0,4 kg/Tonne. Einerseits wird mit Stahlgußschrot, das andere Mal mit

Tabelle 2

Strahlmittelverbrauchszahlen

Zeile	Betriebsart	Werkstücke	Werkstoff des Strahlmittels	Strahlmittel-Verbrauch	Dimension	Lebensdauer-Verhältnis Zeile	
1	Druckluft-Kabine	Bauteile in der Werkstatt	Quarzsand	4,2	[kg/m²]	1/2	8,4
2			Hartguß	0,5	[kg/m²]		
3	Druckluft-Kabine	glatte Bleche	Quarzsand	1,2	[kg/m²]	3/4	8,6
4			Hartguß	1,14	[kg/m²]		
5	Druckluft-Maschine	glatte Bleche	Quarzsand	0,6	[kg/m²]	5/6	8,6
6			Hartguß	0,7	[kg/m²]		
7	Schleuderrad-maschine	glatte Bleche	Hartguß	0,1	[kg/m²]	7/6	1,43
8	Druckluft-Kabine	Grauguß	Quarzsand	50 – 60	[kg/to]	8/9	15
9			Hartguß	3,5	[kg/to]		
10	Schleuderrad-maschine	Grauguß	Hartguß	4 – 6	[kg/to]	9/10	1,43
11		Stahlguß	Hartguß	6,5 – 10	[kg/to]	11/10	1,7
12		Temperguß	Hartguß	10 – 14	[kg/to]	12/10	2,5
13	Schleuderrad-maschine	Grauguß	Temperguß	3	[kg/to]	10/13	1,8
14		Grauguß	Stahlguß	1,7	[kg/to]	10/14	3
15		Grauguß	Stahl (Draht-korn)	1,1	[kg/to]	10/15	4,8

Stahldrahtkorn gefahren. Setzt man voraus, daß die Lebensdauer der beiden Strahlmittel nicht als gleichwertig anzusprechen ist, so muß der gleiche Verbrauch durch unterschiedliche Wirkung der Maschine verursacht sein.

1.3 Der Einsatz der Strahlverfahrenstechnik [9, 10, 11]

Die Strahlverfahrenstechnik hat nach 1950 eine bis dahin nicht gekannte Ausweitung erfahren. Dabei erstreckte sich diese sowohl auf den Umfang des Einsatzes als auch auf die Art der durchzuführenden Arbeiten selbst. Zu einer sprunghaft einsetzenden Fortentwicklung aller bis dahin gebräuchlichen Maschinen und Geräte kam die Neukonstruktion ganzer Anlagengruppen für spezielle Strahlaufgaben. Hierbei ist das Entzundern von Walzwerkserzeugnissen zu nennen, aber auch das Polier- und Läppstrahlen mit seinen Geräten. Bis 1950 waren die Maschinen für das Putzstrahlen vorherrschend und bestimmten das Fertigungsprogramm der Strahl-Maschinen-Hersteller. Es handelt sich dabei meist um Serienmaschinen als Trommel- und Drehtischmaschinen. Heute wird meist über die Hälfte der gesamten Produktion von Sondermaschinen und Anlagen bestimmt, die überwiegend für das Entzundern eingesetzt werden. Dabei setzte sich als Strahleinrichtung das Schleuderrad zunehmend durch. Begünstigt wurde diese Entwicklung durch die parallel laufende Ausweitung der Strahlmittelarten.

Vielfach wird die Strahlverfahrenstechnik noch mit dem Sammelbegriff "Sandstrahlen" gekennzeichnet und ruft dadurch oft falsche Vorstellungen hervor. Gelegentlich wird für das Schleuderstrahlen auch der auf Firmenbezeichnung beruhende Name "Sandfunken" benutzt. Sandstrahlen ist die Erstbezeichnung dieser gesamten Arbeitsmethodik und traf für die Entstehungszeit zu, als in der Regel mit Druckluft als Energieträger und Quarzsand als Strahlmittel gearbeitet wurde. Sie wurde auch beibehalten, als Hartgußstrahlmittel verwendet wurden. Um aus Komplikationen der Namensgebung herauszukommen, gab man dem Strahlmittel auf Eisenbasis auch den Namen "Sand" und nannte diese Art darum "Stahlsand". Dabei wählte man leider eine metallurgisch falsche Kennzeichnung und kam somit in Schwierigkeiten, als um 1950 zusätzlich Strahlmittel auf der Stahl- und Stahlgußbasis in Europa bekannt wurden. Im Sinne der Aufgabenstellung, sich mit Gütefragen bei Strahlmitteln zu befassen, erscheint es also gleichfalls dringend geboten, auf eine <u>technisch richtige</u> Kennzeichnung der Verfahren und der eingesetzten Materialien zu drängen. So sollte das "Sandstrahlen" richtig als Druckluftstrahlen mit Quarzsand (oder dem jeweils eingesetzten Strahlmittel) benannt werden. Für das Arbeiten mit Schleuderrädern wird bereits allgemein der Ausdruck "Schleuderstrahlen" verwendet.

Das Druckluftstrahlen als Ausgang war vornehmlich zum Reinigungsstrahlen eingesetzt. In geringem Umfang trat bereits kurz nach der Erfindung der Druckluft-Strahleinrichtung durch Benjamin C. T I L G H M A N im Jahre 1871 auch das Oberflächen-Veredlungsstrahlen in Erscheinung. Man mattierte nämlich Glas oder brachte Ornamente auf Glas oder Steinen auf. Dabei werden wohl bereits in den ersten Jahren [12] alle auch heute zur Diskussion stehenden Strahlmittel im Grundsatz als "für den Einsatz möglich" angeführt. Neben Quarzsand werden Schlacken und Glasscherben, aber auch kleine Metallteilchen genannt. Um so erstaunlicher ist es, daß die Entwicklung ab 1900 über eine Generation dadurch stagniert, daß der Einsatz metallischer Strahlmittel in Deutschland als nicht bekannt anzusprechen ist. Dies wird erst behoben, als um 1925 die Einführung von Hartguß-Schrot und -Kies als Strahlmittel propagiert wird.

Das Reinigungsstrahlen - heute als übergeordneter Begriff für Putz-, Zunder- und Roststrahlen sowie vieler anderer Strahlaufgaben zum Entfernen von Fremdschichten - war zu Beginn der Entwicklung vornehmlich zum Fertigputzen in der Gießerei eingesetzt. In gleichem Umfange aber erhielt es seine Anwendung beim Entrosten von Stahlbauten. Dabei wird vor einem Neuanstrich die noch anhaftende Farbe mit entfernt. Bei dieser Arbeit entstanden dem Strahlen keine Schwierigkeiten. Das Entrosten ist vor dem Neuanstrich zwingend nötig und läßt sich durch Strahlen zweckmäßig durchführen. Hinzu kommt, daß der Korrosionsschutz stets als notwendig angesehen wurde.

Anders jedoch lagen die Verhältnisse beim Fertigputzen in der Gießerei. Dort wurde das Strahlen noch weit in das 20. Jahrhundert hinein als reine Verschönerungsarbeit ohne wesentlichen Nutzen angesehen. Es war somit eine reine Zusatzarbeit ohne wirtschaftlichen Hintergrund bei zusätzlich erforderlichem Aufwand. Da jedoch für diese Arbeiten Spezialmaschinen einzusetzen waren, kam die Entwicklung hier nicht recht voran, da sie durch diese Grundhaltung stark gehemmt wurde.

Die Verfahrenstechnik beim Entrostungsstrahlen von Bauwerken hat sich über die Jahrzehnte hinweg kaum geändert. Praktisch läßt sich nur ein Freistrahlgebläse (Abb. 1) einsetzen. Nachdem in den zwanziger Jahren der Streit darüber eingeschlafen war, ob auch das Saugsystem wirtschaftlich einsetzbar ist, tritt hier eigentlich nur das Drucksystem (Abb. 2)

Abbildung 1

Fahrbares Freistrahlgebläse zum Einsatz auf Baustellen

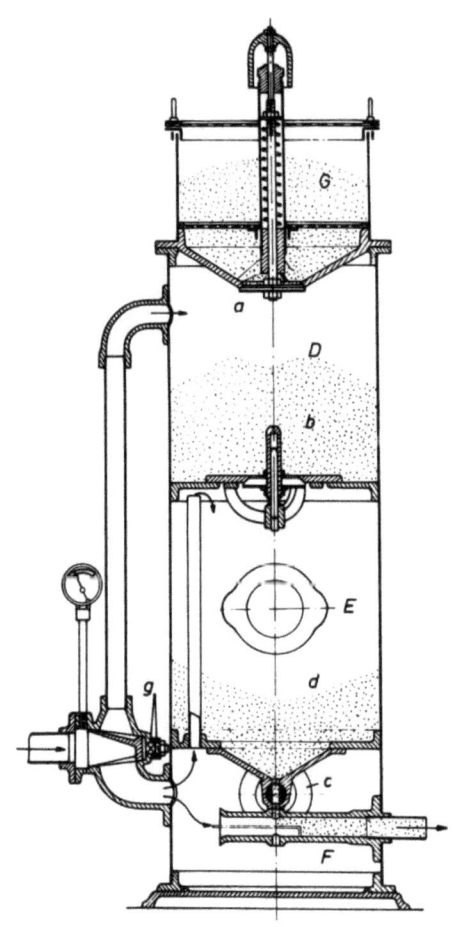

Abbildung 2

Druckluftstrahlanlage (Zweikammern-Drucksystem älterer Ausführung)

Diese Entwicklung fand etwa ihren Abschluß, als die Patente der Erfinderjahre abgelaufen waren und alle Hersteller die möglichen Systeme nebeneinander bauten. Somit wurde die Erkenntnis Allgemeingut, daß das Drucksystem intensiver arbeitet und daher günstiger einsetzbar ist, sofern schärfer angreifende Bearbeitung erwünscht ist. Als Strahlmittel trat hierbei eigentlich nur Quarzsand auf. Somit ging auch von dieser Aufgabe kein rechter Anreiz aus, sich mit der Strahlverfahrenstechnik eingehend zu befassen. Denn nur <u>ein</u> Mittel und <u>eine mögliche</u> Einrichtung bieten kaum einen dankbaren Stoff für eine literarisch-wissenschaftliche Darstellung. In jüngster Zeit greift selbst bei dieser einfachen und scheinbar voll abgeklärten Aufgabenstellung eine Entwicklung um sich. So wird hier das Vakuum-System, Abbildung 3 (Schema), in zunehmendem Maße verwendet. Es handelt sich um eine Druckluftstrahlanlage, Abbildung 4, die nach dem Drucksystem arbeitet. Hierbei wird das Strahlmittel aus dem Düsenkopf wieder in die Vorratskammer der Strahlanlage zurückgesaugt. Dadurch wird auch für Strahlaufgaben im Freien ein Strahlmittelkreislauf erzeugt. Beim reinen Freistrahlen lassen sich in der Regel die Strahlmittelkörner jeweils nur einmal verwenden, da sie selten wieder aufgesammelt werden können. Dies wird beim Strahlen von Brücken über Gewässern am klarsten sichtbar.

Durch den Einsatz des Vakuum-Strahlens erfährt das reine Freistrahlen zusätzlich eine Erweiterung dadurch, daß nun auch teuere und länger lebende Strahlmittel verwendet werden können. Aber nicht nur von der wirtschaftlichen Sicht her sollte der Einsatz des Quarzsandes beim Freistrahlen einer eingehenden Betrachtung unterzogen werden. Es ist zu prüfen, welche Gefahren auch hier dem Strahler durch mögliche Silikose drohen. Die Möglichkeiten einer Silikoseerkrankung sollten auch hier Anlaß genug sein, für diese Aufgaben silikose-ungefährliche mineralische Strahlmittel zum Einsatz zu bringen. Sicher werden hierfür Schlakken der verschiedensten Art und geeigneter Gesteinssplitt ausreichend zur Verfügung stehen.

Das Putzstrahlen in der Gießerei wird heute von gänzlich anderen Gesichtspunkten her betrachtet. Es gilt heute als echte Nebenfertigung, die im Sinne der Refa-Terminologie zum Herstellen zwar nicht erforderlich, jedoch für das Fertigstellen nicht vernachlässigbar ist. So wurde z.B. erkannt, daß anhaftender Sand an Gußstücken dazu führt, daß die Standzeit der Werkzeuge bei nachfolgender spanabhebender Bearbeitung wesentlich gesenkt wird. Weiter lassen sich Fehler nach dem

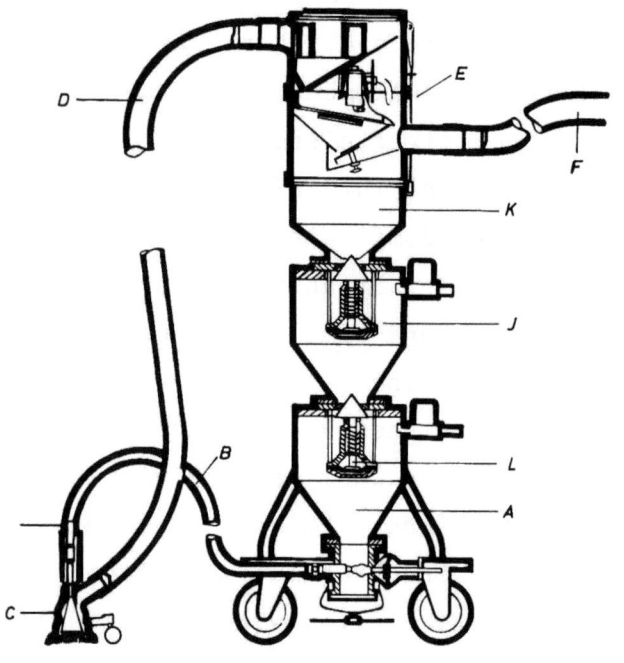

Abbildung 3
Vacuum-Strahlanlage (Schema)

A Strahlmittel-Hauptbehälter
B Druckluftschlauch
C Blaskopf mit Düse
D Rücksaug-Leitung
E Strahlmittel-Reiniger
F Luftfilter
H Rückschlag-Ventil
J Strahlmittel-Vorratsbehälter
K Strahlmittel-Sammler
L Selbsttätige Füllventile

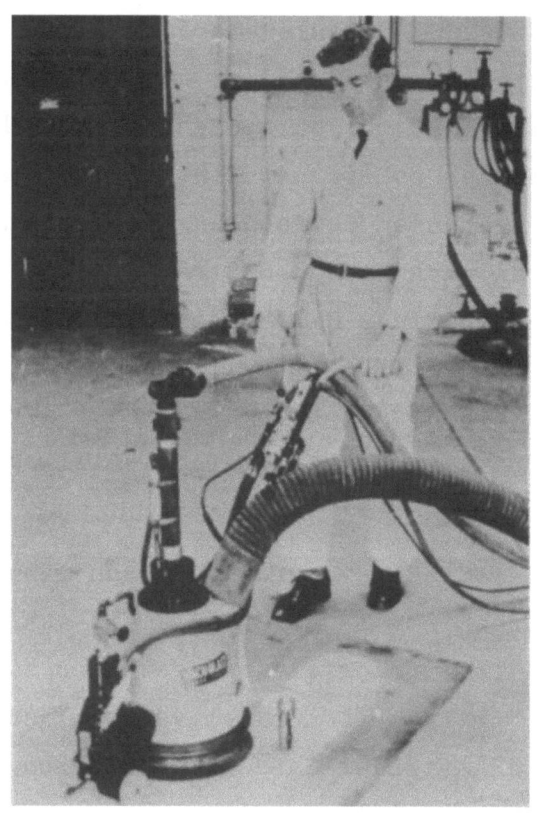

Abbildung 4
Düsenkopf der Vacuum-Strahlanlage

Strahlen besser und schneller erkennen. Bei Leichtmetall-Guß ergibt das Strahlen mit artverwandtem Strahlmittel eine Oberfläche, die schmutzabweisend ist, um einige fertigungstechnische Vorteile durch das Putzstrahlen aufzuzeigen.

Für das Entfernen des Zunders bei Schmiede- und Walzgut gewinnt das Strahlen als "Zunderstrahlen" heute besondere Bedeutung. Die Reinhaltung all unserer Gewässer ist eine der dringlichsten Aufgaben geworden. Dabei ist es mit Sicherheit zweckmäßig, nicht Verunreinigungen durch kostspielige Maßnahmen zu entfernen, sondern wo es immer nur geht, ist die Möglichkeit der Verschmutzung zu unterbinden. Das Entzundern wurde bis in die jüngste Zeit weitgehend durch Beizen vorgenommen. Die Beizabwässer sind somit ein wesentlicher Anteil, der mit zur Verschmutzung der Gewässer beiträgt. Daher wird durch den Staat ein finanzieller Anreiz durch Sonderabschreibungen u.a. dafür geboten, daß Reinigungsanlagen für Beizabwässer erstellt werden. Durch das Reinigungsstrahlen beim Entzundern fällt aber nur trockener Staub aus feinem Zunder und Metallteilchen (vom abgetragenen Grundmetall und vom Verschleiß des Eisen-Strahlmittels) an. Die Möglichkeit einer Wasserverunreinigung ist verfahrenstechnisch unmöglich. Somit sollte im Sinne der übergeordneten Notwendigkeit, die Reinhaltung der Gewässer mit allen denkbaren Mitteln zu fördern, dieser finanzielle Anreiz auch bei der Umstellung vom Beizen auf das mechanische Entzundern durch Strahlen gewährt werden [13, 14]. Für diese Regelung haben sich die Wasserwirtschaftsverbände schon 1957 dringlichst ausgesprochen. Es wäre wünschenswert, wenn ihre Bemühungen hier von Erfolg gekrönt wären. Denn schon die Medizin empfiehlt vorzubeugen, statt zu heilen. Die Verhinderung der Verschmutzung ist die zuverlässigste Methode und außerdem nicht störanfällig wie das Reinigen von Abwässern.

Neben diesen bekannten Aufgaben hat das Reinigungsstrahlen auch neue Aufgaben übernommen. So werden Formen beim Vulkanisieren, Metall- und Kunstharzspritzen von Fertigungs-Rückständen befreit. Gerade für diese Aufgabe eignet sich das Strahlen besonders, da es unregelmäßig geformte Flächen ohne Schwierigkeiten erfassen kann. Als Strahlmittel werden hier Kunststoffteilchen, zerkleinerte Nußschalen oder andere organische Substanzen verwendet. Auch beim Überholen von Motoren (speziell von Flugmotoren) werden die Zylinder-Innenflächen von anhaftenden Verbrennungsrückständen durch Strahlen mit organischen Mitteln befreit.

Das Oberflächen-Veredlungsstrahlen war gleichfalls, wie erwähnt, in den Anfängen der Strahltechnik, also in den letzten 30 Jahren vor der Jahrhundertwende, bereits bekannt. Es beschränkte sich jedoch vornehmlich auf das Mattieren von Glas und auf das Aufbringen von Ornamenten auf Glas und Steinen. Bald kam dann das Aufrauhen vor dem Emaillieren hinzu (Dekapieren). Heute dient darüber hinaus diese Einsatzart bei grober Bearbeitungswirkung zum Aufrauhen der verschiedensten Werkstoffe, um das Haften anderer Schichten auf dem Grundwerkstoff zu verbessern. Als Beispiel diene das Aufbringen von Lack auf Leder sowie das Erzeugen des Haftgrundes vor dem Warmspritzen. Aber auch das Glätten der Oberfläche kann im Rahmen der Fertigung von Bedeutung sein. So soll z.B. die erforderliche Dicke einer Schutzschicht durch das Einebnen von Rauhigkeitsspitzen vermindert werden. Diese Spitzen können sonst durch die Schutzschicht ragen und so ihre Wirkung zunichte machen.

Das Oberflächen-Veredlungsstrahlen ist bereits ein Verfahren der spanabhebenden Bearbeitung und damit zu den Hauptarbeiten zu rechnen. Dies wird besonders beim Feinstrahlen sichtbar, das unter den Einzelbezeichnungen Polier- und Läppstrahlen bekannt wurde. Auch hier wird das Strahlen deshalb eingesetzt, weil unregelmäßige Oberflächen, wie Zahnflanken u.ä., ohne komplizierte Vorrichtungen ihre Endbearbeitung erhalten können. Zum Einsatz kommen sehr feine Strahlmittelkörnungen, meist mineralischer Art. Als Energieträger wird in der Regel Druckflüssigkeit (weitgehend Öl) verwendet.

Mit dem Kegelstrahlen [15, 16, 17, 18, 19] überschreitet die Strahlverfahrenstechnik ihre allgemein bekannte Aufgabenstellung als abtragende Bearbeitung und wird zu einer Methode der Werkstoff-Veredlung, wie es das Glühen oder Härten darstellt. Beim Kugelstrahlen wird die Oberfläche des Bauteils verdichtet, so daß eine Druck-Vorspannung in diesen Zonen erzeugt wird. Dadurch wird die Dauerfestigkeit der bearbeiteten Teile wesentlich erhöht. Das Verfahren wurde wohl durch Prof. A. FÖPPL entdeckt, kam jedoch praktisch während des Krieges in den USA zum Tragen. Hier wurde es vornehmlich zum Verfestigen von Federn und Motorenteilen eingesetzt. Von dort fand es dann nach dem Kriege auch bei uns sein Einsatzgebiet. Das erforderliche Strahlmittel soll möglichst kugelig sein und seine Form und Größe über lange Zeit beibehalten. Somit teilen sich arrondiertes Drahtkorn und Stahlgußschrot den Einsatz.

Als kleine Nebenaufgabe findet das Druckluftstrahlen seine Anwendung als Prüfverfahren bei der Untersuchung von keramischen Stoffen auf Verschleiß. An einigen Stellen ist als neueste Methode das Verformungsstrahlen aufgetreten, bei dem mit Hilfe der Strahlmittel dünne Bleche in Matritzen getrieben werden.

Haupteinsatzgebiete sind heute somit das Putzstrahlen in den Gießereien, in zunehmendem Maße das Zunderstrahlen in der eisenschaffenden Industrie, und das Entrostungsstrahlen von Stahlbauwerken und Säubern von anderen Bauten, vornehmlich hierbei unter Anwendung des Druckluftstrahlens im Freistrahlverfahren. Das Strahlen in Werkstätten wird in immer größerem Umfange mit Schleuder-Strahl-Maschinen und -Anlagen durchgeführt, da diese Methode wirtschaftlicher ist. Hierzu tragen zwei Faktoren bei, der Einsatz längerlebender, metallischer Strahlmittel und die geringeren Energie-Kosten beim Schleudern mit Rädern.

Baulich haben sich bis heute etwa die nachstehenden in Tabelle 2a aufgeführten Maschinen- und Anlagengruppen eingeführt, die in der Abbildung 4a schematisch dargestellt sind. Die Abbildungen 4b bis 4g zeigen für jede Gruppe ein Ausführungsbeispiel.

T a b e l l e 2a

Einteilung der Strahl-Maschinen und Anlagen

1. Trommelmaschinen
    1.1 Drehtrommeln
    1.2 Muldentrommeln
        1.21 Bandtrommeln
        1.22 Rosttrommeln
    1.3 Durchlauftrommeln
        1.31 Durchlaufdrehtrommeln
        1.32 Durchlaufbandtrommeln

2. Tischmaschinen
    2.1 Drehtischmaschinen
    2.2 Vieltischmaschinen

3. Drehscheiben-Strahlkabinen und -Anlagen
    3.1 Schwenktürkabinen
    3.2 Kabinen mit ausfahrbarem Drehtisch
    3.3 Häuser mit eingebautem Drehtisch
    3.4 Hängebahn-Strahlanlagen

T a b e l l e 2a (Fortsetzung)

    4. Durchlauf-Strahlkabinen und -Anlagen

        4.1 Kreisförder-Strahlanlagen

        4.2 Rollengang-Strahlanlagen

        4.3 Platten- oder Band-Strahlanlagen

    5. Sonderanlagen
       (z.B. Drehkammer-Strahlanlage, vgl. Abb. 4a, 5)

Maschinen mit Schleuderrädern wurden erstmalig von der Badischen Maschinenfabrik Karlsruhe-Durlach im Jahre 1893 gebaut. Jedoch konnten sich diese Anlagen um die Jahrhundertwende keine Freunde erwerben, da man nur mit Quarzsand strahlte. Dabei war der Staubanfall zu groß und der Verbrauch außerdem untragbar. Erst als die metallischen Strahlmittel um 1930 sich Eingang verschafft hatten, konnte ab 1930 die neue Entwicklung auf Grund des Grocholl-Patentes in Deutschland zum Erfolg führen. Parallel hierzu setzt eine gleichartige, konstruktiv jedoch anders gerichtete Entwicklung einerseits in den USA ab 1933 mit dem Doppelscheibenrad der Firma Wheelabrator and Equipment Companie ein. In Frankreich tritt dann um 1937 das Rad der Firma Sisson-Lehmann, Paris, auf, das gleichfalls als Doppelscheibenrad ausgebildet ist, jedoch eine pneumatische Vorbeschleunigung an Stelle der mechanischen des Wheelabratorrades besitzt. Die heutigen Radkonstruktionen sind im Schema Abbildung 4h dargestellt. Ein Einscheibenrad ist in Abbildung 4i, ein Doppelscheibenrad in Abbildung 4k gezeigt.

Die Radausführungen sind danach zu unterscheiden:

nach der Gesamt-Ausbildung in
    Einscheiben- und Doppelscheibenräder

nach der Anordnung der Strahlmittel-Zuführung in Räder mit
    Zuführung in Wellenrichtung und in Scheibenrichtung

nach der Zuteil-Art in Räder mit
    Schwerkraftzuteilung, mit mechanischer oder pneumatischer Zuteilung

nach der Schaufelzahl, die zwischen 2 und 8 wechseln

nach der Schaufelform, die gerade oder gekrümmt sein kann

nach der Schaufelanordnung, die vornehmlich durch die Richtung der Tangente am Schaufelaustritt gekennzeichnet ist.

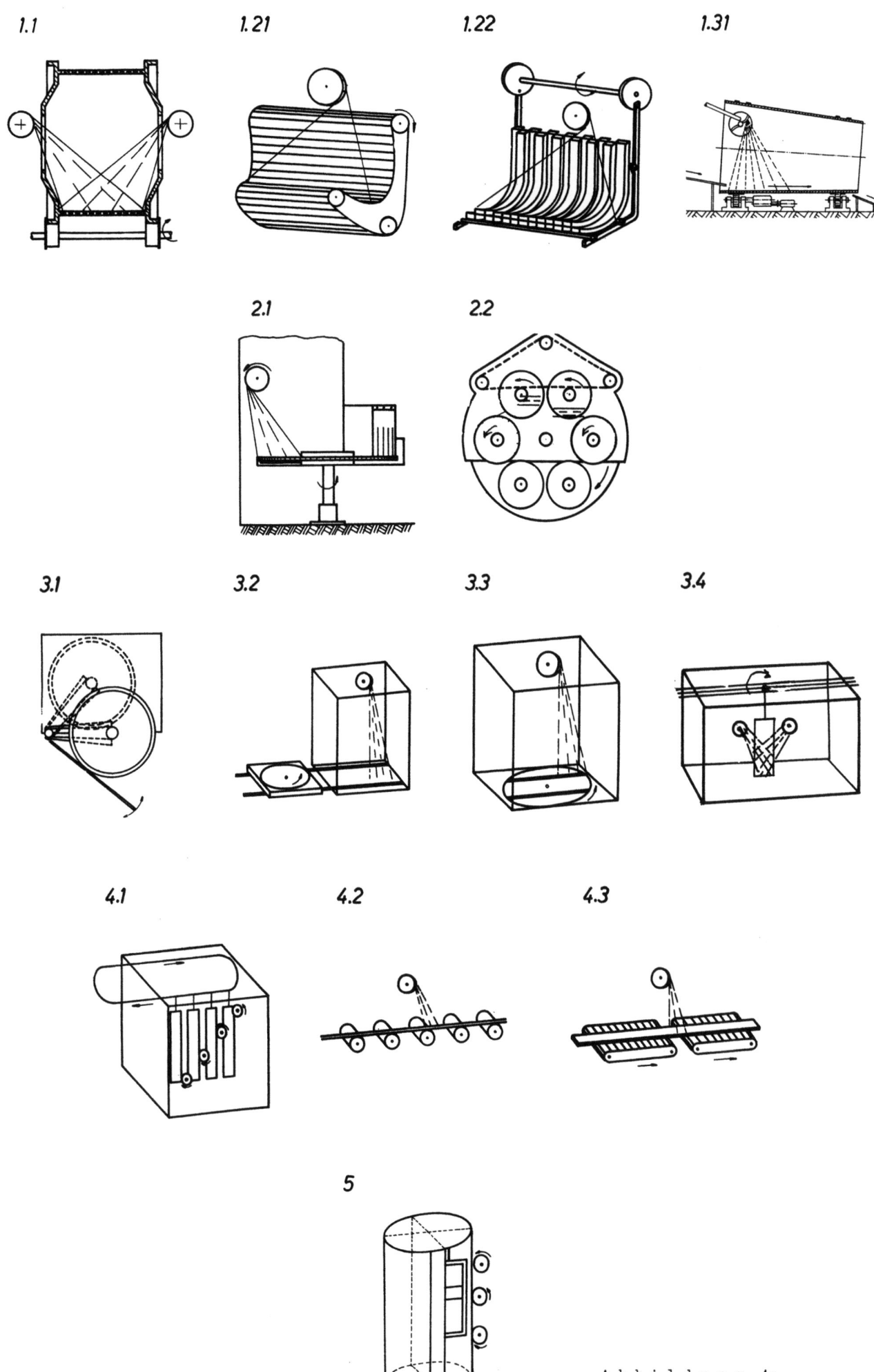

Abbildung 4a
Strahlmaschinen (schematisch)

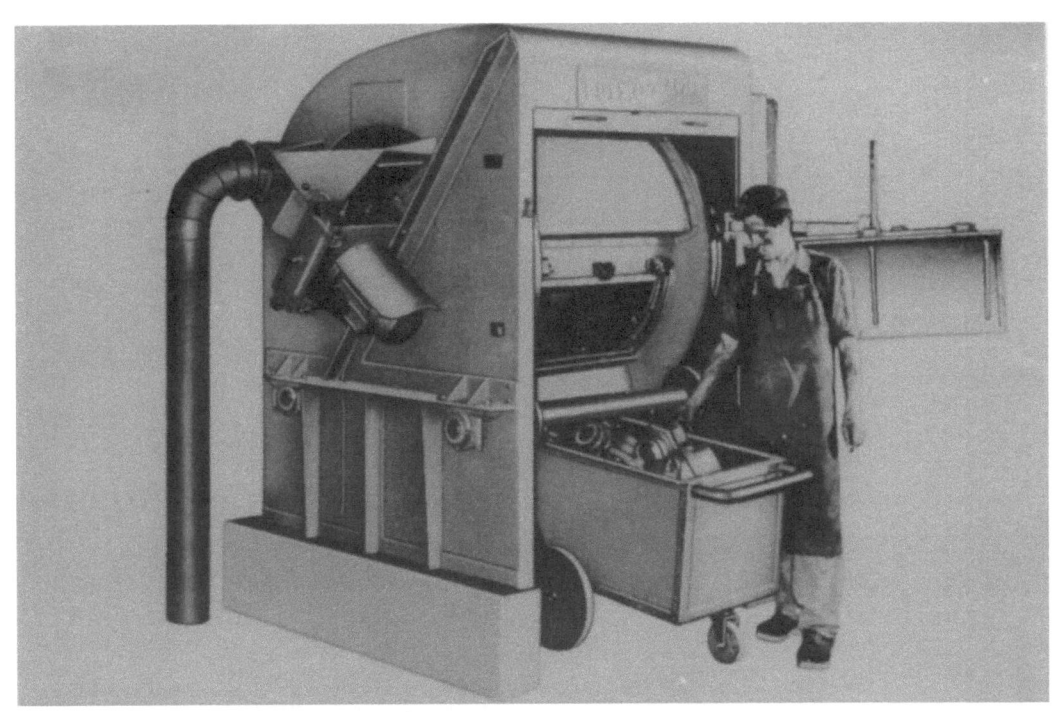

A b b i l d u n g 4b
Drehtrommel (Badische Maschinenfabrik, Karlsruhe)

A b b i l d u n g 4c
Durchlauftrommel (Vogel & Schemmann, Hagen-Kabel)

Abbildung 4d
Drehtischmaschine (Vogel & Schemmann, Hagen-Kabel)

Abbildung 4e
Strahlkabine mit ausfahrbarem Drehtisch (Berger, Maschinenfabrik)

Abbildung 4f
Kreisförderer-Strahlanlage (Georg Fischer, Schaffhausen)

Abbildung 4g
Rollengang-Strahlanlage (Alfred Gutmann, Hamburg-Altona)

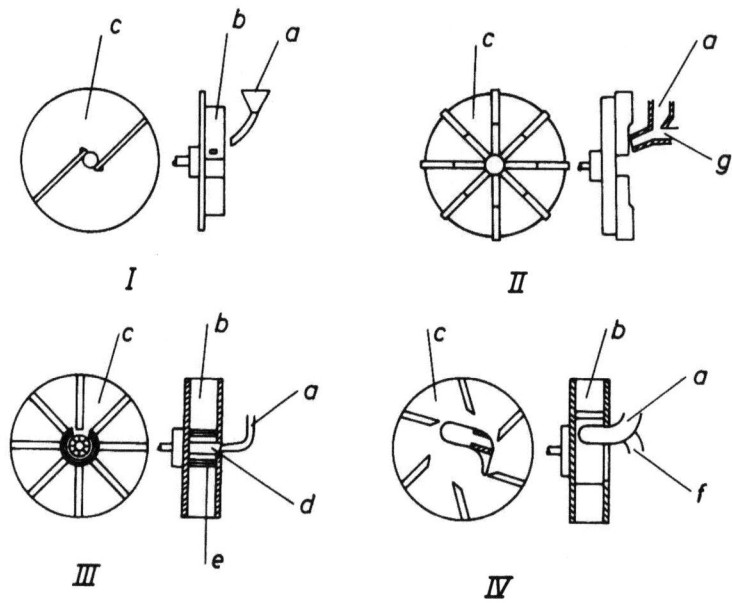

Abbildung 4h

a) Strahlmittelzuführung
b) Schaufeln
c) Schleuderradscheibe(n)
d) Zuteilschaufelrad
e) Zuteilring
f) Druckluft zum Vorbeschleunigen
g) Saugluft zum Vorbeschleunigen

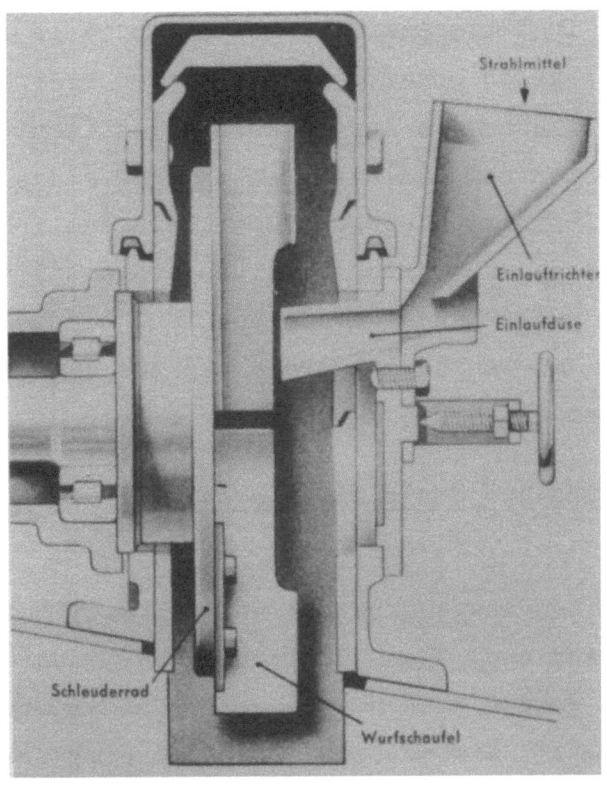

A b b i l d u n g 4i
Einscheibenrad mit außermittiger Strahlmittelaufgabe
in Wellenrichtung und Vorbeschleunigung durch Saugluft

A b b i l d u n g 4k
Doppelscheibenrad mit mechanischer Vorbeschleunigung
und Strahlmittelaufgabe in Scheibenrichtung

Dem Strahlen artverwandt ist das Spritzen. Hierbei wird ein kalter oder warmer Werkstoff in kleinsten Teilchen gleichfalls auf die Oberfläche eines Werkstückes geschleudert. Jedoch sollen hier die Werkstoffteilchen auf der Oberfläche als Auftragsschicht haften bleiben. Es wird deshalb zu empfehlen sein, die Abgrenzung gegen das Spritzen durch eine eingehende Definition vorzunehmen. Gelegentlich trat nämlich die Frage auf, ob mit den zum Strahlen eingesetzten Anlagen nicht auch Oberflächenschichten aufgetragen werden könnten. Diese Aufgaben aber sollten vom Spritzen her behandelt werden und aus der Strahlverfahrenstechnik ausgeklammert werden.

1.4 Die Entwicklung der Strahlmittelarten und ihre Betriebs-Verbrauchszahlen

Wohl schon in seinem Ausgangspatent weist B.C. TILGHMAN darauf hin, daß neben Quarzsand auch Glas, Schlacken und Eisenteilchen als Strahlmittel verwendet werden können, wie er für den Energieträger neben Druckluft auch Dampf, Wasser (also Druckflüssigkeiten) und die Fliehkraft von Rädern (somit Schleuderräder) aufführt. Somit wurde bereits durch den Erfinder des Grundsatzverfahrens die gesamte Technik der Strahlmittel und des Verfahrens umrissen.

Heute lassen sich die Strahlmittel einteilen, wie es in Abbildung 5 dargestellt ist.

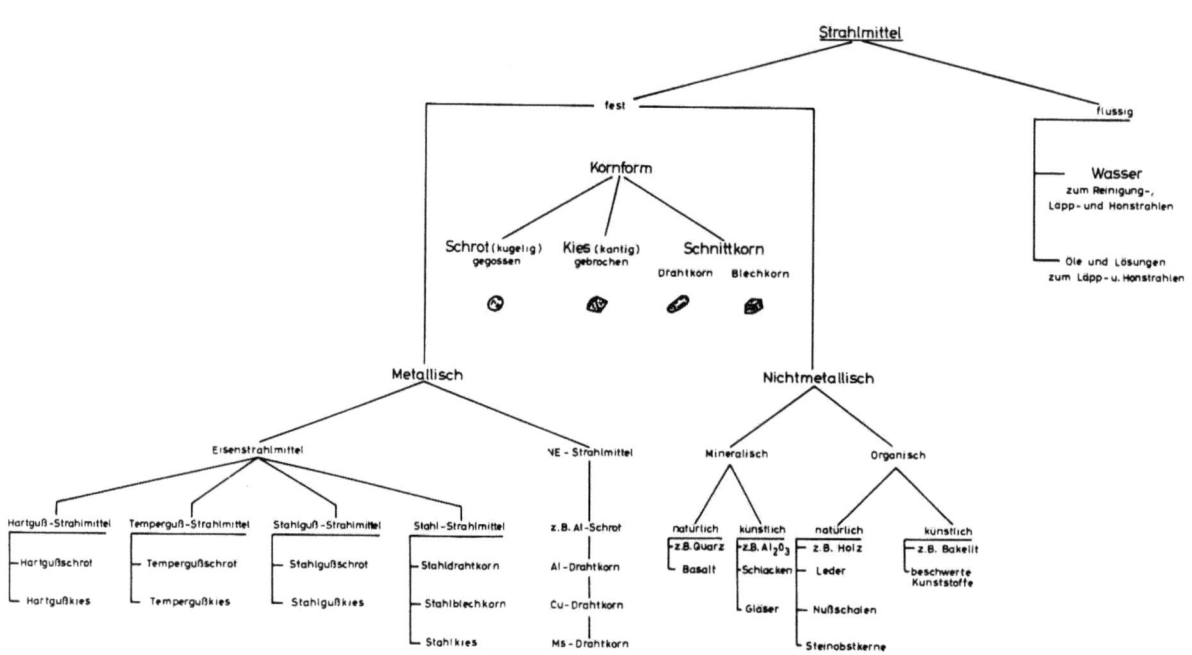

A b b i l d u n g   5
Einteilung der Strahlmittel

Hartgußgranulat kommt erstmalig nach einer englischen Erfindung um 1885 in den Handel, doch findet es in Europa praktisch keinen Einsatz beim Druckluftstrahlen. In damaligen Berichten aus den USA wird in größeren Zeitabständen laufend darauf verwiesen, daß sich Eisenstrahlmittel dort gut bewähren. Trotzdem bleibt in Deutschland Quarzsand als Strahlmittel bis in die ausgehenden zwanziger Jahre das wohl einzige nennenswerte Strahlmittel. Die Berichte aus der Praxis weisen darauf hin, daß die Auswahl der Sorte einen erheblichen Einfluß auf die Abtragwirkung wie auf den erforderlichen Verbrauch je Mengeneinheit des gestrahlten Gutes hat, ohne jedoch echt eine Gütebestimmung zu diskutieren.

Aus den Zahlen der Tabelle 2 läßt sich grundsätzlich etwa abschätzen, welchen Umfang das Quarzsandstrahlen heute noch in der Gießerei einnimmt. Für die metallverarbeitende Industrie wird dies der größte Anteil des Quarzsandeinsatzes als Strahlmittel sein, wenn das "reine Freistrahlen" von Bauwerken und Schiffen, also das Strahlen ohne Strahlkabinen, ausgenommen wird. Von der Gußerzeugung ist der Anteil abzusetzen, der nicht durch Strahlen "fertiggeputzt" wird. Es handelt sich dabei um Kanalguß und Groß- und Größtstücke. Dieser Anteil ist mit 20 % sicher sehr hoch gegriffen. Da beim Strahlen von Stahl- und Temperguß entsprechend höhere Mengen Strahlmittel verbraucht werden, so kann für 1950 gerechnet werden, daß Strahlaufgaben in der Gießerei anlagen, die der Bearbeitung der gesamten Gußerzeugung entsprechen. Für das Putzen standen nur 80 % der Hartgußstrahlmittel zur Verfügung. Nach neueren Feststellungen kann die untere Grenze des Verbrauchs beim Strahlen mit Hartguß um 5 kg/Tonne Grauguß angesetzt werden. Danach wären noch 400 000 bis 600 000 Tonnen Guß durch Druckluftstrahlen zu bearbeiten gewesen. Dies ergibt einen Quarzsandbedarf, der um 30 000 Tonnen je Jahr zu beziffern ist. Dies würde bedeuten, daß etwa um 200 Putzerei-Arbeiter ständig zum Druckluftstrahlen eingesetzt waren.

Ohne die Rechnung für das Jahr 1959 in gleicher Weise begründen zu wollen, sei festgestellt, daß die Rechnung sogar einen Quarzsandbedarf nachweist, der 1/3 höher als im Jahre 1950 liegt. Wird angenommen, daß die Strahlaufgaben in der Gießerei auf das Doppelte gegenüber 1950 angestiegen sind, so ist relativ ein Rückgang des Druckluftputzens mit Quarzsand als Strahlmittel festzustellen. Dies deckt sich mit den Beobachtungen in der Praxis.

Das erste deutsche Patent für Hartgußgranulat wird am 21.9.1893 der Firma Emil Offenbacher, Marktredwitz/Bayern, erteilt. Es soll ein aus kleinen Kügelchen bestehendes Schleif- und Sägemittel erzeugt werden, das zur Bearbeitung von Steinen, Glas und sonstigen harten Materialien gedacht ist. Erst 1916 wird erstmalig durch die Firma Würth, Bad Friedrichhall-Jagstfeld [20], festgestellt, daß ein Teil ihrer gelieferten Hartgußgranulate zum Strahlen eingesetzt werden. Benutzer ist die Firma Krupp in Essen. Jedoch dauert es noch lange, bis sich Hartgußschrot und -Kies als Strahlmittel generell einzuführen beginnen. Auf der Gießerei-Fachausstellung in Düsseldorf 1925 [20] wurde Hartgußgranulat als Strahlmittel erstmalig öffentlich vorgeführt und konnte dann zunehmend an Einsatz gewinnen. Dabei wurde dann bis in das Jahr 1950 hinein nur eine "Weltstandard-Qualität" [21] geliefert, nach Ansicht der Erzeuger selbst. Es handelt sich um ein Material mit einem Kohlenstoffgehalt um 3,2 %, etwa 0,2 bis 0,4 % Mangan, meist mit etwa 1,0 bis 1,4 % Silizium, bei Phosphorgehalten um 0,7 % und weniger und etwa 0,2 % Schwefel.

Wenn auch die Hersteller die Ansicht vertraten, daß sie alle etwa eine Standard-Qualität herstellten, so konnte der Berichter doch feststellen, daß einige wenige Praktiker mit großer Übersicht (Betriebsberater und Verkäufer für Strahlmittel und -Maschinen) doch sehr genau und sogar zahlenmäßig eine Unterscheidung der Arten vornehmen konnten. Jedoch kümmerte sich niemand um die Frage, wodurch dieser "Güte"-Unterschied bedingt war. Auch hatte dies auf den Verkaufserfolg und erst recht auf die Preisgestaltung der einzelnen Sorten keinen Einfluß.

In der Einführungszeit trat jedoch die Notwendigkeit des Vergleichs zwischen Quarzsand- und Hartgußstrahlmittel bewußt in Erscheinung. Als Gütemaß wurden auch die heute noch zur Anwendung kommenden Angaben benutzt. So wird entweder der Verbrauch an Strahlmitteln für die Strahlstunden ins Verhältnis gesetzt (= relativer Strahlmittelverbrauch s_{rel}) oder der Verbrauch für jeweils 1 Tonne gestrahlten, gleichartigen Gutes (= spezifischer Strahlmittelverbrauch s_{spez}). Schließlich aber wird auch angegeben, in welchem Verhältnis die Durchlaufzahlen je Korn stehen (= $\nu_o = \frac{L_{o1}}{L_{o2}}$), wobei für Quarzsand etwa 5 bis 8 Durchläufe, für Hartgußstrahlmittel meist um 100 Durchläufe angeführt werden. (L_{o-a} = praktische Betriebslebensdauer-Kennzahl für Körnungsgröße "a") Leider wird dabei nie angeführt, wie diese Durchlaufzahl ermittelt wurde.

Beim Studium der vorliegenden Berichte aus der Zeit um 1930 aber ist folgendes Verfahren der Berechnung abzuleiten:

> Bekannt ist das Fassungsvermögen der Vorratsbehälter der damals nur benutzten Druckluft-Strahlanlagen. Die erforderliche Zeit, um den Behälter leer zu blasen, ließ sich gut messen und war bekannt. In einfacher Weise war auch der Verbrauch für eine bestimmte Arbeitszeit, also die neu zuzusetzende Menge, zu ermitteln.
>
> Wurden z.B. 100 Liter Quarzsand in 20 Minuten durchgesetzt und betrug die je Stunde nachzufüllende Quarzsandmenge 40 Liter, so macht das einzelne Korn im Mittel 7,5 Durchläufe. Die Gesamt-Umlaufmenge beträgt 300 (100.60/20) Liter/h. Würde nur mit der verbrauchten Menge dieser Zeitspanne gefahren, hier also mit 40 Litern/h, dann müßte somit das einzelne Korn 300/40 = 7,5 mal umlaufen.

Wichtig aber erscheint dem Berichter, daß sich bereits zu dieser Zeit der Begriff "Lebensdauer" als Vergleichsmaß der Güte verschiedener Strahlmittel im Sprachgebrauch festsetzte [5]. Es wird von größerer Lebensdauer, also in relativer Weise, aber auch davon gesprochen, daß das Lebensdauer-Verhältnis zweier Strahlmittel (ν_x = Lebensdauerverhältnis; der Index kennzeichnet die verglichene Lebensdauerart) 1 : x beträgt. Dabei werden entweder die Verbrauchszahlen oder die Durchläufe der betreffenden Strahlmittel verglichen, was nicht zum gleichen Ergebnis führen muß. Eine Definition der Lebensdauer selbst ist jedoch nicht zu finden. Nur ergeben die Gegenüberstellungen, daß man der Ansicht ist, daß Lebensdauer und Verbrauch reziprok zueinander sind, daß also ein hoher Verbrauch für eine Strahlarbeit gleichbedeutend mit einer geringen Lebensdauer des dort eingesetzten Strahlmittels ist, unter der Bedingung dieser Arbeit und der verwendeten Strahl-Anlage. Hierzu sind heute weitere Ausführungen nötig.

Das Verhältnis des Verbrauchs für das Strahlen gleicher Werkstückmengen soll aus

$$\nu_{sp} = \frac{s_{spez-1}}{s_{spez-2}}$$

ermittelt werden und mit spez. Verbrauchsverhältnis bezeichnet werden. Somit erhält der Ausdruck

$$\nu_{rel} = \frac{s_{rel-1}}{s_{rel-2}}$$

die Bezeichnung "relatives Verbrauchsverhältnis"

und der Ausdruck

$$\nu_o = \frac{L_{o-1}}{L_{o-2}}$$

ist das praktische Betriebslebensdauer-Verhältnis. Die weiteren Ausführungen hierzu sind Abschnitt 4 zu entnehmen.

Bei den Diskussionen der damaligen Zeit ging es im wesentlichen darum, ob Hartguß-Strahlmittel wirtschaftlicher als Quarzsand sind. Somit findet sich kein Hinweis über den Vergleich verschiedener Hartgußstrahlmittel.

Heute kann gelten, daß auch die auf dem Markt befindlichen Sorten noch gelegentlich nennenswert von einander abweichen. So stellte der Berichter zu Beginn seiner Versuche fest, daß eine Sorte vorhanden war, die gut die doppelte praktische Betriebs-Lebensdauer besaß, wie sie bei mittleren Qualitäten anzutreffen ist. Im wesentlichen scheint die "Qualität" mit der Zähigkeit bei Hartgußstrahlmitteln parallel zu laufen, so daß einerseits der Kohlenstoff-Gehalt und zusätzlich der Phosphorgehalt einen gewissen Anhalt geben. Heute kann gelten, daß bei einem Verbrauch für eine Qualität der oberen Güte von - 1 - geringere Güten etwa bei 1,07 bis 1,15 und solche mit sehr hohem Phosphorgehalt einen Verbrauch von etwa 1,20 bis 1,25 aufweisen. Somit liegt dann das Verhältnis der praktischen Betriebslebensdauer bei

$$\nu_{spez} = 1 : (0,93 \ldots 0,88) : (0,835 \ldots 0,805)$$

wenn die gleichen Zahlen zugrunde gelegt werden.

Für die nächstfolgende Strahlmittelart wird die Kennzeichnung Temperguß-Strahlmittel gebraucht. Somit sollte in konsequenter Anwendung der mit dieser Arbeit verfolgten Zielsetzung auch nur Temperguß-Gefüge bei diesen Strahlmitteln vorliegen. Danach wären Sorten, die nur normalgeglüht sind, nicht unter dieser Gruppe zu erfassen, sondern sind als Abarten der Hartgußstrahlmittel zu bezeichnen. Auf jeden Fall sollte erreicht werden, daß die Lieferer sich nicht nur eigener Firmenkennzeichnung bedienen, sondern jeweils die tatsächlichen metallkundlichen Kennzeichnungen mit anführen. Das erste Tempergußstrahlmittel der USA ist unter dem Namen "Malleabrasive" geschützt. Für den deutschen Bereich sollen in diesem Zusammenhang all die Arten diskutiert werden, bei denen eine Wärmebehandlung vorgenommen wird. Somit wird eigentlich gegen den oben angeführten Grundsatz vom Berichter selbst verstoßen.

Jedoch läßt die Beurteilung der in der Praxis anzutreffenden Sorten eine klare Abgrenzung oft nicht zu. Sie zu erreichen, ist mit ein Anliegen dieses Berichter.

Das erste wärmebehandelte Hartgußgranulat wurde bereits mit Patent Nr. DRP 93 128 vom 15.10.1896 erstellt, indem GH-Material angelassen und anschließend abgeschreckt wurde. Zweck der Maßnahme war, ein zäheres Material zu erhalten und so die Lebensdauer zu erhöhen. "Malleabrasive" wird nach USA-Patent Nr. 2 184 926 vom 26.12.1938 erzeugt und sieht eindeutig Temperguß-Gefüge vor. Das erste nachbehandelte Material wird seit 1951 von der Firma Erschloeh und Co geliefert. Heute stellen beide großen Granulat-Hersteller Deutschlands diese Materialart her. In den USA werden hier Sorten mit abgestuften Härtegraden angeboten. Ob sie dort in größerem Umfange zum Einsatz kommen, läßt sich an Hand der vorhandenen Quellen nicht entscheiden.

Die Anregung zur Erstellung längerlebender Strahlmittelarten geht von GOLMER aus, der als Verkäufer von Schleuderstrahl-Anlagen mit höherer Strahlgeschwindigkeit mit Recht der Überzeugung war, daß die Wirtschaftlichkeit der Maschinen verbessert werden könnte, wenn ein längerlebigeres Strahlmittel zur Verfügung gestellt würde. Als dann die ersten Chargen des neuentwickelten Materials zur Verfügung standen, sollte der Beweis angetreten werden, ob das Strahlmittel auch den gewünschten Erwartungen entsprach. So wandte sich J. WOCHINGER an den Berichter, um gemeinsam einen Betriebsvergleich mit dem neuen Strahlmittel [22] durchzuführen. Aus dieser Notwendigkeit des Nachweises eines Entwicklungserfolges ergab sich dann der Beginn der Strahlmittelprüfung für den Berichter. Die durchgeführten Versuche zeigten, daß der Nachweis eines Erfolges nur in lang andauernder betrieblicher Überwachung erbracht werden konnte. Somit mußte der Betriebsversuch in einer Labor-Maschine nachgeahmt werden, um schneller zu Ergebnissen zu kommen. Bei einem gemeinsamen Besuch bei Dipl.-Ing. SCHEMMANN, dem Direktor der Firma Vogel & Schemmann, Hagen-Kabel, stellte dieser eine kleine Kabine bereit, die als "Versuchskabine Duisburg" die Grundlagen der Prüferfahrungen des Berichters erarbeiten ließen.

Die Entwicklung der Stahlguß- und Stahlstrahlmittel ist etwa in ähnlicher Weise vor sich gegangen, wie sie für Temperguß-Strahlmittel in Deutschland aufzuzeigen war. Während des Krieges traten beim Kugelstrahlen in den USA dadurch Schwierigkeiten auf, daß die damals vorhandenen Strahlmittel zu schnell zerbrachen. Somit regte ein besonders hierfür 1943 gegründeter Strahlmittelausschuß der SAE unter M. ALMEN an, Stahlguß-und Stahldraht-Strahlmittel zu entwickeln. Gleichzeitig wurden Prüfverfahren erstellt, so daß hier der Ausgang der Entwicklung spezieller Strahlmittel-Prüfeinrichtungen zu sehen ist. Sicher liegen früher zu datierende Vorschläge vor. Doch ist ihre praktische Auswirkung kaum zu erkennen.

Kurz nach 1945 treten dann zwei Firmen in den USA mit Stahlgußschrot an die Öffentlichkeit, eine Firma bietet Stahl-Drahtkorn an. Anfänglich wurde die Meinung vertreten, daß Stahlguß-Kies nicht herstellbar sein würde, weil die zähen Stahlguß-Kugeln sich nicht brechen lassen würden. Jedoch wird seit 1954 auch Stahlgußkies erzeugt.

Für den deutschen Raum werden diese Entwicklungen der USA erst nach 1950 bekannt. In Belgien sieht sich J.M. GAUCET als Verkäufer von Strahlanlagen gezwungen, für seine zum Einsatz kommenden Maschinen in ausreichender Menge Strahlmittel zur Verfügung zu stellen. Die allgemeinen Wirtschaftsbeziehungen ließen die Versorgung kritisch erscheinen, denn Belgien stellt keine Strahlmittel auf Granulatbasis her. Bis dahin jedoch wies die Literatur nur nach, daß Stahldrahtkorn günstig zum Kugelstrahlen einzusetzen war. In Belgien aber mußte das Material vornehmlich erst einmal zum Putzstrahlen verwendet werden. Seit Juli 1952 wird dann Stahldrahtkorn in Deutschland zum Einsatz gebracht und hat seine Anwendung laufend ausgeweitet.

Bei den Stahlgußstrahlmitteln ging die Entwicklung einen anderen Weg. Der größte deutsche Granulat-Hersteller, die Firma J. Würth, sieht sich um 1953 verpflichtet, möglichst alle Strahlmittelarten liefern zu können und entwickelt deshalb eine eigene Stahlgußqualität, die 1954 auf dem Markt erscheint. Wenig später wird eine weitere Produktion in der Schweiz bekannt, die sich in nennenswertem Umfange auch in Deutschland Eingang verschafft. Importe aus den USA konnten im verflossenen Zeitraum keinen rechten Boden gewinnen, da die Preisrelation zum einheimischen Hartguß zu ungünstig lag. Auch Stahlgußstrahlmittel aus England, die nach amerikanischer Lizenz hergestellt werden, sind nur in geringem Umfange in Deutschland anzutreffen. In jüngster Zeit aber setzt sich französisches Stahlgußstrahlmittel und eine neue deutsche Erzeugung stark durch. Hier wird sich in absehbarer Zeit eine Entscheidung zwischen Drahtkorn und Stahlgußstrahlmitteln anbahnen. Diese wird solange zu Gunsten des Drahtkorns ausfallen, wie das Verhältnis des spezifischen Verbrauchs von Drahtkorn zum Stahlgußstrahlmittel größer ist als das

Verhältnis der Preise der zum Einsatz kommenden Körnungen. Jedoch ist dies allein nicht ausschlaggebend. Hinzu kommt noch, daß der Verschleiß der Betriebsteile, vornehmlich der Schaufeln, für jede Strahlmittelart unterschiedlich groß ist und bisher bei Drahtkorn geringer als bei Stahlgußschrot ausgewiesen war. Somit wird die Gesamtwirtschaftlichkeit den Ausschlag geben, welches Strahlmittel bevorzugt werden wird.

Aus den Unterlagen vieler Veröffentlichungen läßt sich etwa ein allgemeiner Überblick über die Tendenz des spezifischen Verbrauchs der verschiedenen Strahlmittel geben. Die Werte sind in Tabelle 2 in der letzten Spalte mit ausgewiesen. Die Angaben der Zeilen 13 bis 15 sind Mittelwerte, wobei für Zeile 10 als "1" der spezifische Verbrauch eines Hartgusses der oberen Güte zugrunde gelegt wurde.

Bei Hartgußstrahlmitteln konnte aus sorgfältig geführten Betriebstagebüchern der Unterschied des spezifischen Verbrauchs ermittelt werden, wie er auf den Seiten 13 und 34 angeführt ist. Für Temperguß- und Stahlgußsorten sind solche Gegenüberstellungen aus der Praxis noch nicht zu erhalten. Vielfach wird der Einsatz einer neuen Strahlmittelart vorgenommen. Sofern die Wirtschaftlichkeit des Einsatzes vorliegt, wird ungern mit einem metallkundlich gleichartigen Material ein weiterer Betriebs-Vergleich durchgeführt.

Beim Drahtkorn liegen die Verhältnisse dabei anders. Die Großverbraucher der Walzwerks-Industrie haben durch die Strahlmittel einen nennenswerten Kostenfaktor, so daß sie also bestrebt sind, die optimale Wirtschaftlichkeit durch das bestgeeignetste Strahlmittel herauszuarbeiten. Somit liegen dort sicher Erkenntnisse vor, die die Güte der Sorte kennzeichnen. Sie wurden gleichfalls durch Betriebsvergleiche gefunden. Die Fragen, die bei diesen Vergleichen mit eine Rolle spielen, werden im Abschnitt 4 "Betriebsprüfung" behandelt. Hier sei nur angeführt, daß sich bei einem solchen Versuch - bei gleicher Sollkorn-Bezeichnung durch die Hersteller in Korngröße und Materialgüte - die spez. Verbrauchszahlen sich wie 1 : 1,17 : 1,25 : 1,37 : 2,2 verhielten.

2. Einteilung der Strahlmittel-Prüfung

2.1 Geschichtliche Entwicklung

Die Prüfung technischer Erzeugnisse entsteht vielfach aus der Notwendigkeit, die Wirtschaftlichkeit von verschiedenen Erzeugnissen für denselben Verwendungszweck vergleichen zu können. Solange keine genaueren

Kenntnisse der Vorgänge auf wissenschaftlicher Basis vorliegen, wird dabei der Betriebsvergleich angewendet. Hierbei werden die zu vergleichenden Materialien unter den betrieblichen Bedingungen zum Einsatz gebracht. Durch genaue Betriebsbuchführung wird dann das Material mit besserer Wirtschaftlichkeit ermittelt. Der nächste Schritt ist dann die technologische Prüfung, indem unter Bedingungen des Betriebes Labor-Untersuchungen angesetzt werden. Diese haben um so größere Aussagefähigkeit, je praxisnäher die Versuche durchgeführt werden.

Bei den Strahlmitteln ergab sich die Notwendigkeit des Vergleichs der Wirtschaftlichkeit, als, wie bereits angeführt, um 1930 Quarzsand mit dem Hartgußstrahlmittel in Wettbewerb trat. Dabei wurden Richtwerte gesammelt, die hier als Strahlmittelverbrauch je Strahlstunde oder je Tonne gestrahlten Gutes angegeben werden. Aber auch der Begriff "Lebensdauer" wurde geprägt. Es handelt sich dabei um keinen absoluten Kennwert, sondern nur um ein Vergleichsmaß. Somit können nur die Kennzeichnungen "größere oder kleinere Lebensdauer" oder "Lebensdauerverhältnis" definiert werden.

In gleichem Zusammenhang wurde auch der Begriff "Durchlaufzahl" eingeführt, ein Lebensdauerkennwert, der angibt, wieviel Durchläufe ein Strahlmittel im Mittel durch eine Strahlanlage erlebt, bis es völlig verbraucht ist. Diese Zahl ist bereits ein absoluter Kennwert. Er wird jedoch unter Bedingungen ermittelt, die ihrerseits weitgehend die Größe des Kennwertes mit beeinflussen. Somit hat der Kennwert nur Aussagefähigkeit, wenn die Bedingungen der Ermittlung mit aufgeführt werden. Bei Druckluft-Strahlanlagen wird hierbei der Druck der Luft, der Abstand bis zur gestrahlten Oberfläche, das bestrahlte Gut mit zu kennzeichnen sein, um einige Einflußgrößen anzuführen.

Die ersten Hinweise für eine eingehendere Beurteilung von Strahlmitteln der gleichen Art, hier von Hartgußstrahlmitteln, zeigen HURST und TODD [22] auf. Sie führen die chemische Analyse, Härte, Gefügeausbildung und betriebliche Vergleichsmessungen an. In den USA werden bereits 1938 Normen durch die SAE für Strahlmittelkörnungen in bezug auf Kennzeichnung, Größe und Anteil der Sollkörnung festgelegt. Auf diesen Arbeiten bauen dann J.O. ALMEN und Mitarbeiter ab 1943 auf, als sie in einem Sonderausschuß der SAE Strahlmittel für das Kugelstrahlen normen und beginnen, Prüfmethoden für die Güte-Untersuchung auszuarbeiten.

J.E. HURST greift unabhängig dann in England die Frage der Strahlmittelprüfung nach dem Kriege wieder auf. Als Metallurge der Firma Breadley and Forster, England, die Hartgußstrahlmittel erzeugt, ist er daran interessiert, eine Methode zu besitzen, die die Gleichmäßigkeit der Produktion gewährleistet. Er schlägt seinen Fallhammer-Tester Abbildung 6 vor [23] und kennzeichnet das Prüfergebnis durch den "Crushing-Index". Jedoch stellt schon F.W. NEVILLE sich kritisch zu diesen Ausführungen. Denn die Prüfeinrichtung entspricht nicht den Voraussetzungen eines "technologischen Prüfverfahrens". Er schlägt als Prüfein-

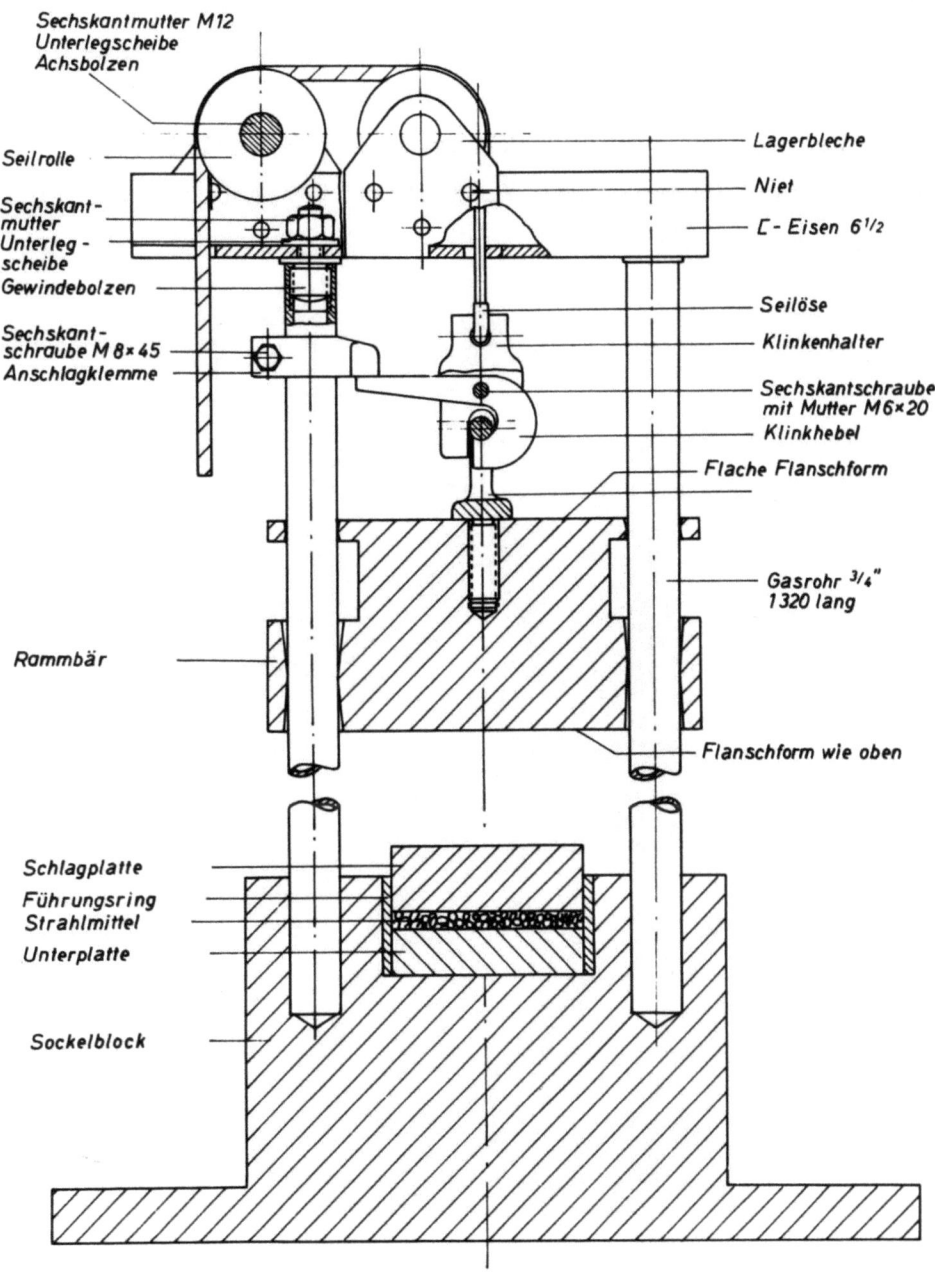

Abbildung 6
Fallhammer-Tester nach HURST

richtung eine kleine Betriebs-Strahlkabine vor, die mit Druckluft arbeiten sollte [24].

Die Ergebnisse der Bemühungen um eine Prüfmethodik in den USA scheinen 1950 von RILEY, PARK und SOUTHWICK [25] erstmalig zusammengefaßt worden zu sein. Sie unterscheiden metallkundliche und technologische Prüfung, wobei sie die bis dahin bekannten vier Prüfmaschinen mit diskutieren.

Bei der Entwicklung der wärmebehandelten Qualität der Firma Erbschloeh und Co. trat dann in Deutschland die Notwendigkeit auf, die Güte des neuerstellten Strahlmittels angeben zu können. So wurde dann in Anlehnung an die dem Berichter bekannte Literatur, vornehmlich der Arbeiten von HURST und NEVILLE, ein Betriebsvergleich angestellt. Jedoch zeigte sich, daß zur Überwachung der Fertigung und zur Prüfung von Versuchschargen bei der Weiterentwicklung dieser Strahlmittelart sicher Laboruntersuchungen sinnvoll die Versuchszeit verkürzen würden. So kam

Abbildung 7
Versuchs-Schleuder-Strahlkabine "Duisburg"
(nach Vogel & Schemmann AG, Hagen-Kabel)

es, daß auf Bitten Dipl.-Ing. SCHEMMANN die Versuchs-Schleuderstrahlkabine "Duisburg", Abbildung 7, mit einem Betriebsrad der "Sandfunker" der Firma Vogel & Schemmann, Hagen-Kabel, zur Verfügung stellte. Dabei wurde also der Gedanke von F.W. NEVILLE, jetzt aber für eine Schleuderstrahl-Einrichtung, in die Tat umgesetzt.

In der Zwischenzeit wurden ähnliche Anlagen in Deutschland verwendet, wobei wenigstens zwei unterschiedliche Ausführungen bekannt wurden. Schließlich trat die Firma G. Fischer mit einer speziellen Prüfmaschine, Abbildung 8, an die Öffentlichkeit, die umfassend von E. BICKEL [26] beschrieben wurde. In der Zwischenzeit ist diese Maschine in größerem Umfange zum Prüfen von Strahlmitteln eingesetzt worden.

2.2 Aufgaben der Strahlmittelprüfung

Der Berichter stellte seine ersten Versuche mit der Schleuderstrahlkabine Duisburg in einer Tagung des VDG im Oktober 1952 zur Diskussion [30] und wies darauf hin, daß es notwendig sein würde, Grundlagen-

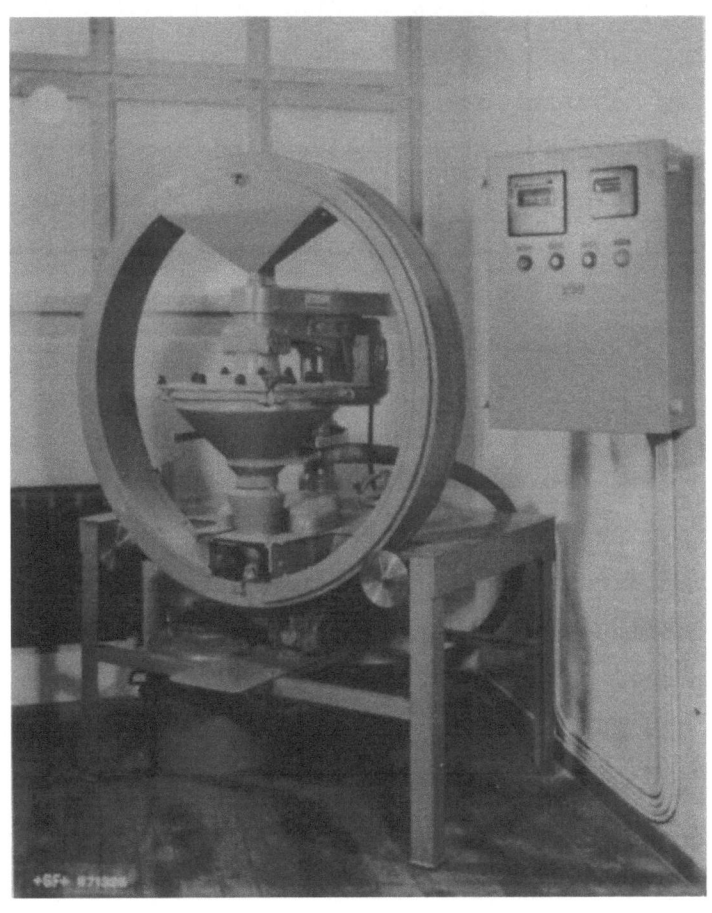

Abbildung 8
Versuchs-Schleuder-Strahlkabine KP1
(nach Georg Fischer AG., Schaffhausen)

Erkenntnisse zu erarbeiten. Wenige Tage später brachte H.P. HÄBERLEIN von der Firma Georg Fischer, Schaffhausen, seine bei der Prüfung bis dahin gesammelten Erfahrungen in einem Vortrag der Fachwelt zur Kenntnis und gab eine erstmalige Zusammenfassung der nötigen Aufgaben der Strahlmittelprüfung [31], weitgehend in Übereinstimmung mit den Ausführungen von RILEY und Mitarbeitern [25]. Diese Erkenntnisse werden dann in der Arbeit von E. BICKEL [26] präzisiert. Sie gelten heute als Grundlage der Einteilung der Aufgaben bei der Strahlmittelprüfung.

Danach ist zu unterscheiden zwischen

1. Eigenschaftsprüfung
   physikalischer, mineralogischer und metallkundlicher Art
2. Verschleißprüfung
3. Wirkprüfung

Die Verschleißfestigkeit setzt sich zusammen aus der Abriebfestigkeit und der Schlag- und Splitterfestigkeit. Je nach Materialart erfolgt der Verschleiß überwiegend durch Zersplittern oder durch Abrieb. Neben den Materialeigenschaften spielt hierbei die Strahlmittel-Geschwindigkeit wie auch das Material der Aufprallfläche eine entscheidende Rolle. Nach heutiger Erkenntnis läßt sich eine bindende Aussage über die Verschleißfestigkeit nur durch eine speziell hierfür angesetzte Untersuchung unter den Bedingungen des Betriebes machen. Gleichgültig, ob die Versuche im Labor auf speziellen Prüfmaschinen oder als Betriebsversuch durchgeführt werden, ist ihr Aufwand und die Dauer in der Regel recht erheblich. Somit geht das Bemühen dahin, auf anderem Wege, also über die Prüfung der physikalischen, mineralogischen und metallkundlichen Eigenschaften zu einer Aussage über die Qualität der Strahlmittel zu kommen. Somit liegen zwei Aufgaben an, einerseits die Aussagefähigkeit der Verschleißprüfung zu erarbeiten und eine Beziehung zwischen der Verschleißfestigkeit und den anderen Eigenschaften des Strahlmittels zu finden. Beides zusammen sind Güteeigenschaften. Die Verschleißfestigkeit ist die für den Benutzer wichtigste Güte-Kennzeichnung, da sie die anderen in sich vereinigt.

Darüber hinaus soll mit dem Strahlmittel eine bestimmte Wirkung erzeugt werden. Die Qualität im engeren Sinne ist daher von zweitrangiger Bedeutung. Ohne eine ausreichende, dazu im erwünschten Sinne sich einstellende Wirkung muß trotz "bester Qualität" auf den Einsatz dieses Strahlmittels für die vorgesehene Aufgabe verzichtet werden. Vielleicht ließe sich hier dann sagen, daß "diese Qualität" des Strahlmittels für den vorgesehenen Zweck nicht ausreicht, um die Problematik der Unterteilung aufzuzeigen. Jedoch soll damit die Gliederung nicht angegriffen werden. Sie wird auch hier als die nur mögliche Gruppierung voll anerkannt, denn es gelingt niemals, Aussagen über einen Fragenkomplex zu machen, wenn nicht durch Unterteilung die Einflußgrößen herausgeschält und in ihrer Wirkung getrennt behandelt werden. Jedoch stehen auch hier Güte und Wirkung im engen Zusammenhang. Doch wird es für den wirtschaftlichen Einsatz darauf ankommen, den rechten Kompromis zwischen optimaler Qualität und günstigster Wirkung zu erzielen.

Die Eigenschaftsprüfungen sind Aufgaben der Laboratorien. Verschleiß- und Wirkprüfung sollten in der Regel gemeinsam durchgeführt werden, da erst durch beide eine umfassende Beurteilung des Strahlmittels möglich erscheint. Für beide hat man zwischen Betriebs- und Laborversuchen zu unterscheiden. Somit erhebt sich die Frage, ob beide Versuchs-Verfahren, im Labor wie im Betrieb, gleichwertig nebeneinander stehen. Es wird darauf ankommen, die Bezugsgrößen festzulegen, um die Laborversuche auf den Betrieb übertragen zu können.

3. Eigenschaftsprüfung von Strahlmitteln

3.1 Einteilung der Eigenschaftsprüfung

Die durch die Strahlmittel-Körnung, -Art und -Form festgelegten Gütevorschriften eines Strahlmittels sind wesentliche Faktoren seiner Verschleißfestigkeit und damit seiner Lebensdauer, sowie seiner Wirkung. Sie sind aus diesen Gründen zu überwachen und zu prüfen. Für den Hersteller dienen die Werte zur Produktionsüberwachung und zur Weiterentwicklung, sofern die Zusammenhänge geklärt sind. Für den Verbraucher ist mit Hilfe der Eingangskontrolle festzulegen, ob die Anlieferung den Lieferbedingungen oder den Erfordernissen entspricht.

Die Eigenschaftsprüfung untersucht
    die Strahlmittelart durch chemische Analyse, Schliffbilder und
        Härtemessungen

    die Strahlmittelkörnung durch Siebanalysen, Körnungsverteilungen
        innerhalb einer Siebstufe, wenn es sich um Granulate handelt
        und durch Ausmessen bei Schnittkornformen

    die Strahlmittel-Ausbildung durch Beurteilung der Form,
        Bestimmung des Fehlkörnungsanteils und der Verunreinigungen

physikalische Kennwerte, wie Schüttgewicht, spezifisches Gewicht, mittleres Korngewicht, Kornzahl je Gewichtseinheit

ohne alle möglichen Werte hier aufzählen zu können

Aufgabe des hier vorzulegenden Berichtes muß es nun sein, die einzelnen Punkte getrennt zu beleuchten. Dabei wird auf die Durchführung der Prüfung, auf die erzielte Aussagefähigkeit, wie auf Schwierigkeiten bei der Prüfung selbst einzugehen sein. Da nicht alle Fragen von gleicher Bedeutung sind, bei einigen auch keine Schwierigkeiten auftreten, so werden nur solche Fragen behandelt, die nach heutiger Sicht zur Diskussion Anlaß gegeben haben.

3.2 Zu speziellen Fragen der Eigenschaftsprüfung:

3.21 Zur Bestimmung der chemischen Analyse und des Gefüges

Nach den Ausführungen von E. BICKEL [26] (vgl. Stahl und Eisen 1956, S. 1118) werden chemische Zusammensetzung und Gefüge im allgemeinen nur vom Hersteller nach bekannten Verfahren ermittelt, nicht aber vom Verbraucher. Der Berichter möchte diese Stelle des angeführten Textes als eine Feststellung werten, die zur Zeit ihrer Abfassung zu recht bestand. Der Verbraucher glaubte zu jener Zeit vielfach, ohne diese Untersuchungsverfahren auskommen zu können. Heute jedoch ist zu empfehlen, diese Untersuchungen mit durchzuführen. Zu Beginn einer jeden wissenschaftlichen Durchforschung ist es erforderlich, eine Fülle von Material zu sammeln, um für das "Ordnen der Erkenntnisse" die Breite des Anschauungsmaterials zur Verfügung zu haben.

Selbst wenn man weiterhin voraussetzt, daß die Kenntnisse des Untersuchenden auf dem Gebiet der Strahlmittel sehr gering sind, so wird er durch Analysen und Schliffbilder sicher feststellen können, ob die __Gleichmäßigkeit__ der Anlieferung bei gleichen Lieferangaben des Herstellers gewährleistet sind.

Bei Drahtkorn hat sich z.B. gezeigt, daß die Verschleißprüfung sehr unterschiedliche Werte ergeben kann. Es handelte sich dabei um Material des gleichen Herstellers, bei gleicher Körnung und unter Ausschaltung sonstiger Einflußgrößen. Die Anfertigung von Schliffbildern über viele Proben hinweg zeigt, daß ein gleichmäßiges und feinkörniges Gefüge darauf schließen läßt, daß die Lebensdauer wesentlich günstiger liegen wird, als es bei ungleichmäßigem Gefügeaufbau der Fall ist. Abbildung 9

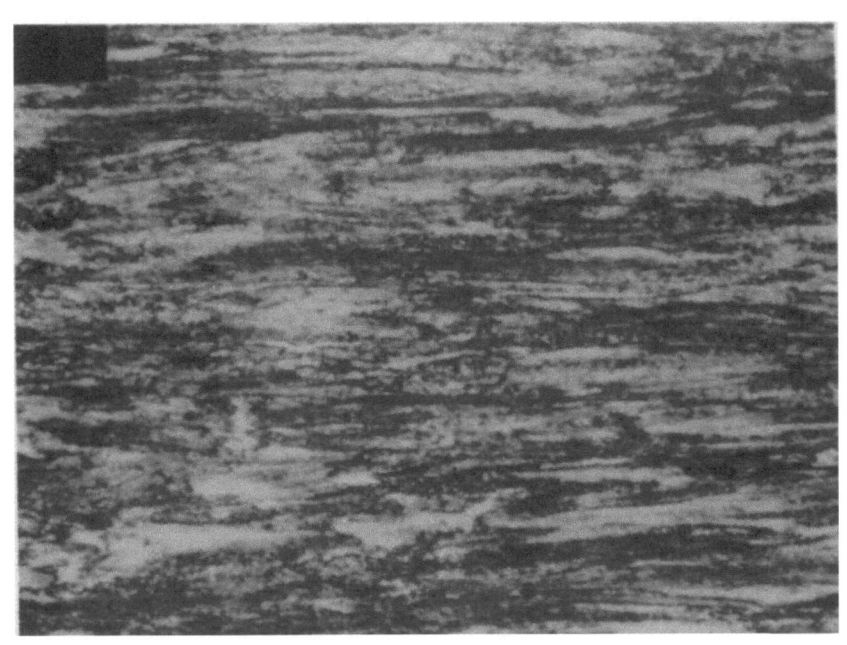

Abbildung 9
Schliffbild von Stahldrahtkorn (gleichmäßiges Gefüge)
900fach vergr.

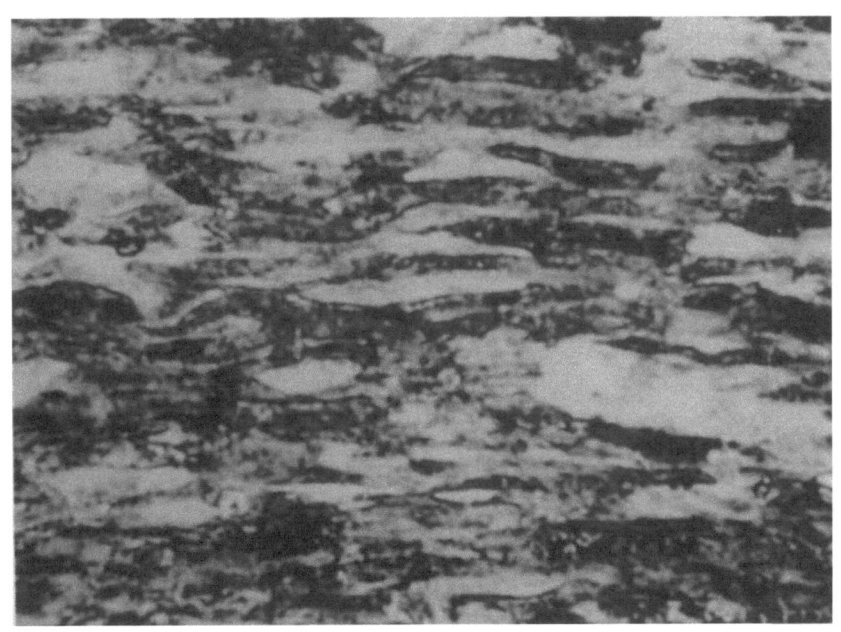

Abbildung 10
Schliffbild von Stahldrahtkorn (ungleichmäßiges Gefüge)
900fach vergr.

veranschaulicht ein Gefüge mit guter Lebensdauer, Abbildung 10 ein solches, bei dem wesentlich geringere Lebensdauerwerte zu erzielen waren.

Bei Hartgußstrahlmitteln ließen schon die ersten Verschleißprüfungen erkennen, daß nennenswerte Unterschiede sich auf den Labormaschinen einstellen. So lag der Gedanke nahe, daß hier in der Analyse Unterschiede vorliegen müssen, die zu der abweichenden Lebensdauer Anlaß gaben. Gerade das Verfolgen der Analyse hat Verbesserungen der Hartgußstrahlmittel ermöglicht.. Auf die sichtbar gewordenen Erkenntnisse soll in einer speziellen Arbeit eingegangen werden. Jedoch wurden Tendenzen bereits im Abschnitt 1.4 bei der Besprechung der Hartgußstrahlmittel aufgezeigt.

Um den besten Stand auf dem Markt zu erreichen, sind daher besonders von ausländischen Herstellern erhebliche Versuche und Umstellungen in der Produktion vorgenommen worden. Die Gleichheit der Analyse, damit auch die erreichbare Güte in Abtragwirkung und Lebensdauer erfordert eine auf die Analyse abgestellte Ofenführung des Schmelzaggregates und eine zweckmäßige Gattierung. Somit führen die Qualitätswünsche der Verbraucher, wie im Abschnitt 1.1 angeführt, zwangsläufig zur Kontrolle der Rohstoffe beim Hersteller.

Schließlich darf nicht vergessen werden, daß durch die Festsetzung der Strahlmittelart gleichfalls Gütefestsetzungen, hier zwar noch in sehr allgemeinem Umfang, erfolgen. Jedoch erfolgte die in Abbildung 5 aufgeführte Einteilung der Strahlmittel nicht aus theoretischen Gründen. Die Praxis hatte die verschiedenen Arten entstehen lassen. Ihr Einsatz erfolgte auf Grund spezieller, den Arten eigener Eigenschaften. Durch sie wird ihre Wirtschaftlichkeit für den Verbraucher verursacht und gibt andererseits dem Hersteller die Möglichkeit, seine Preisforderungen zu realisieren. Tritt z.B. in der Praxis ein Stahlgußschrot auf, dessen Analyse um 1,0 % C liegt, und ist die erforderliche Wärmebehandlung unzweckmäßig erfolgt, so wird die Lebensdauer stark absinken. Die Folge ist die Reklamation durch den Verbraucher, da die ihm vorschwebende Eigenschaft, hier ausreichend lange Lebensdauer, nicht gegeben ist. Der Verkäufer muß notfalls Ausgleichszahlungen leisten, so daß er seine Preisforderung somit nicht erfüllt sieht. Dabei ist festzustellen, daß bei den längerlebenden Strahlmittelsorten durch die heutige Lage auf dem Markt die Preise meist im richtigen Maß zu den Selbstkosten liegen, wenn nicht an bestimmten Stellen sogar erkennbar diese Grenzen schon unvorstellbar tief liegen. So kann durch Analyse und Gefüge festgestellt werden, ob die gewünschte Art und Vergütung vorliegt. Wird z.B. ein Tempergußstrahlmittel angeboten, und es läßt sich keine Temperkohle feststellen, so sind mit Sicherheit auch Verschleiß und Wirkung dieses Materials nicht in der gewünschten Güte. Die nachfolgenden Abbildungen zeigen zwei Chargen, die beide als Tempergußstrahlmittel angeboten wurden. Abbildung 11 zeigt das richtige, Abbildung 12 ein nicht auf diese Bezeichnung zutreffendes Material.

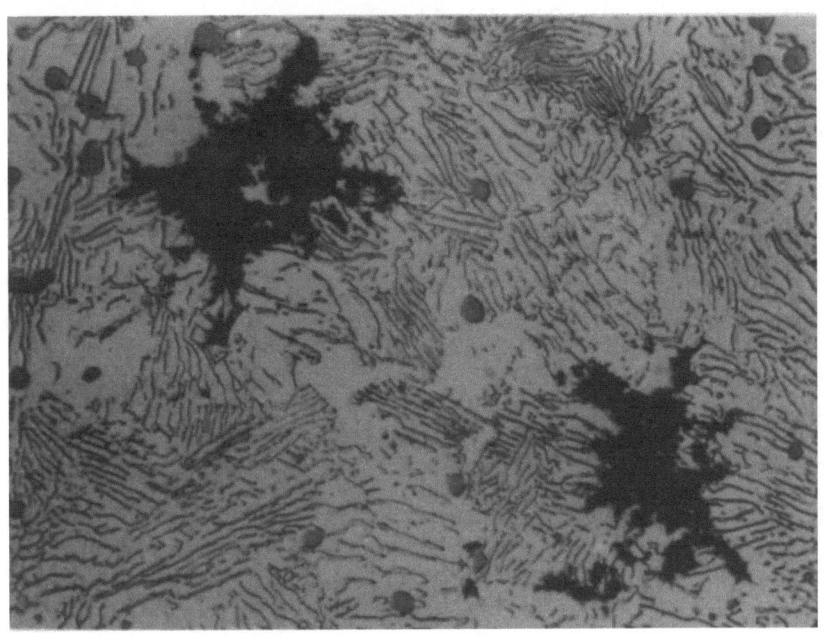

A b b i l d u n g 11
Schliffbild von Tempergußschrot
900fach vergr.

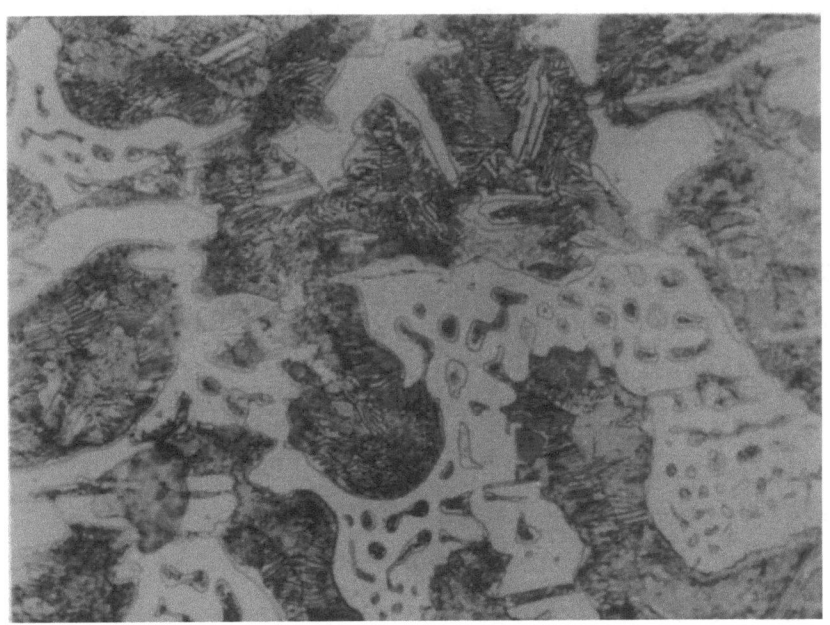

A b b i l d u n g 12
Schliffbild eines Strahlmittelkorns
(aus Tempergußqualität, jedoch nicht vom Temperprozeß erfaßt)
900fach vergr.

Gerade Analyse und Gefüge in Verbindung mit der Härte scheinen eine
der Eigenschaftsgruppen zu sein, die eingehend durchforscht werden müssen, um den Zusammenhang mit den beiden anderen Gruppen der Strahlmittelprüfung, mit Verschleißfestigkeit und Wirkung zu finden.

3.22 Zur Härtemessung von Strahlmitteln

Die Härte eines Strahlmittels ist sicher eine der wichtigsten technologischen Werte. Abtragwirkung und Splitterneigung, aber auch der gesamte Verschleiß sind weitgehend von der Härte abhängig. Ganz besonders aber spiegelt sich die Härte in der Wirkung des Strahlmittels wider. Darum muß es darauf ankommen, diesen Wert erfassen zu können. Besonders bei Drahtkorn wird es vielfach kaum möglich sein, bei Güteüberwachung des geschnittenen Materials noch die Zerreiß-Festigkeit des Ausgangsdrahtes ermitteln zu können. Darum ist gerade bei diesem Material die Feststellung der Härte von besonderer Bedeutung. Jedoch ist hierbei mit erheblichen Schwierigkeiten zu rechnen. Um vergleichbare Werte zu erhalten, muß recht bald eine einheitliche Methode eingeführt werden, um zu verwertbaren Aussagen zu kommen.

Die Messung selbst wird nach allgemeiner Ansicht mit einem Kleinlastprüfgerät nach Vickers durchgeführt. Härteangaben nach Brinell sollten nicht gegeben werden. Strahlmittel lassen sich sicher nicht nach Brinell prüfen, da die einzelnen Körner hierfür zu klein sind. Die bestehenden Angaben können also nur durch Umrechnung entstanden sein. Dabei müssen die Umrechnungsfaktoren als fragwürdig angesehen werden. Es besteht auch kein ersichtlicher Grund, nicht direkt die Werte nach Vickers aufzuführen.

Die Durchführung der Härtemessung ist in DIN 50 133 genormt, um die Fehlerquellen auszuschalten, die im Verfahren begründet sind. Werden Vergleiche angestellt, so sind die unter etwa gleichen Bedingungen erzielten Werte mit ihren gleichartigen Fehlern gut zur Auswertung zu verwenden. Wird aber die Messung an einer Einzelprobe, z.B. mit der an anderer Stelle durchgeführten Messung, zu vergleichen sein, so sind bereits die in den Geräten liegenden Fehler in Erwägung zu ziehen.
Es hat sich gezeigt, daß bereits in der Nähe laufende Maschinen, das Zuschlagen von Türen, selbst unterschiedliche Beleuchtungseinrichtungen sich im Ergebnis auswirken. Besonders kritisch ist das richtige Ausmessen der Diagonalen. Die Schwierigkeiten vergrößern sich mit abnehmender Prüflast.

Für die Prüfung der Strahlmittel ist daher von besonderer Bedeutung, daß die zweckmäßigste Prüflast festgelegt wird. Die Frage, welchen Einfluß die Höhe der Prüflast auf das Ergebnis hat, scheint noch nicht geklärt zu sein. Diese Frage behandelt B.W. MOTT in seinem Buch [27] "Mikrohärteprüfung" und kommt zu dem Schluß, daß nach Ansicht der verschiedenen Forscher alle drei Möglichkeiten als richtig gefunden wurden, daß die erzielten Härtewerte mit steigender Prüflast fallen, steigen oder gleichbleiben. Jedoch kann es nicht Aufgabe dieser Arbeit sein, diese Frage einer Lösung näher zu bringen. Die im Meßverfahren selbst liegenden Probleme sind von dafür berufener Seite zu klären. Hier war jedoch zu entscheiden, welche Prüflast für Strahlmittel zweckmäßig zu wählen ist. Aus den vorherigen Ausführungen geht schon hervor, daß eine bestimmte Last einheitlich festgelegt werden sollte, so daß die in der Variation der Prüflast liegende Fehlerquelle hierdurch ausgeschaltet wird. E. BICKEL [26] schlägt 200 Gramm als Prüflast vor und als Anzahl der durchzuführenden Messungen 10 bis 20 Eindrücke auf verschiedenen Körnern. Dies ist besonders bei Granulaten nötig, da hier die Streuung der Meßergebnisse sehr groß ist. Hier sind besonders viel Messungen sinnvoll, wobei 20 als untere Grenze dann zweckmäßiger zu wählen ist.

H. KRAUTMACHER [28] berichtet von einer Gemeinschaftsarbeit des VDEh in einem Unterausschuß für mechanische Eigenschaften von Drähten. Diese will vornehmlich sicher den Zusammenhang zwischen Zugfestigkeit und Härte der gleichen Drähte klären. Dabei aber wird der Unterschied verschiedener Prüflasten mit untersucht. Leider ist das Gesamtergebnis bisher noch nicht veröffentlicht. H. KRAUTMACHER legt nur eine Studie zu diesem Fragenkomplex vor. Er stellt dann fest, daß Prüflasten von 500 bis 1 000 g zweckmäßig erscheinen. Er ist der Ansicht, daß dann auch Körner kleiner Abmessungen geprüft werden können. Nach DIN 50 133 soll nämlich der Abstand zwischen der Mitte eines Eindrucks und dem Rand der Probe mindestens das Dreifache der Diagonale des Eindrucks betragen. Somit ließe sich allein schon aus dieser Angabe die vertretbare Prüflast bestimmen. Voraussetzung sollte sein, daß möglichst alle Körnungen mit der gleichen Prüflast untersucht werden könnten. Bei Drahtkorn sei als kleinste Abmessung 0,4 mm Korn vorgesehen, wobei auch etwa gleichwertige Abmessungen bei Granulaten praktisch nur geprüft werden. Legt man weiter die unteren Grenzen bisher genannter Härtewerte bei Granulaten und die niedrigste Zugfestigkeit, die etwa um 80 kp/mm^2 für Drähte für Drahtkorn angegeben wurde, zugrunde, so kommt man etwa auf 200 Vickerseinheiten, die als untere Grenze etwa zu messen sind.

Hierfür sind die Diagonalenlängen für das verwendete Prüfgerät des Berichters maximal 0,3 mm bei 10 kg Prüflast und 0,096 mm bei 1 kg Prüflast. Da die halbe Probe bei kleinster Abmessung 2 mm groß ist, darf die Diagonale 0,7 mm im Höchstfall betragen. Dieser Wert wird also nicht erreicht, so daß von hier aus keine Klärung der richtigen Last erfolgen kan

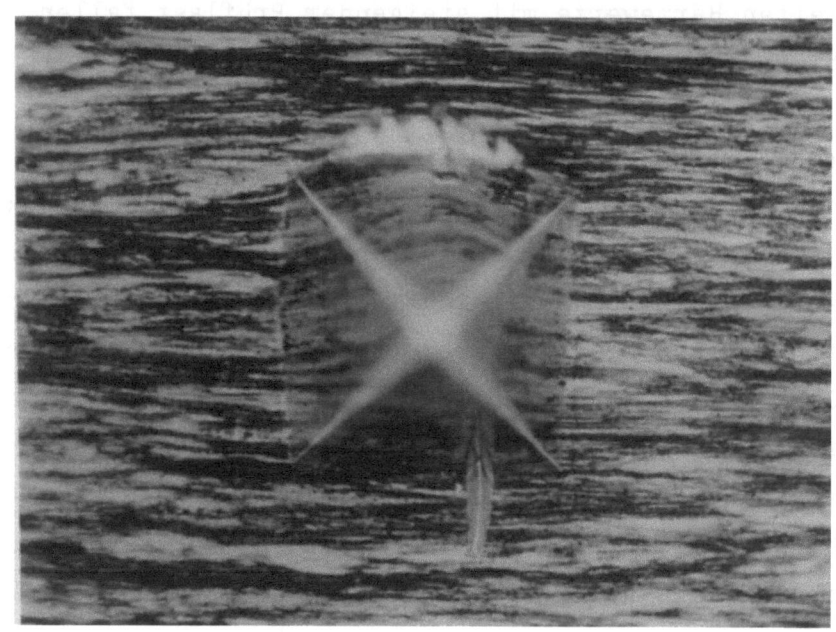

A b b i l d u n g   13
Härte-Eindruck bei Stahldraht mit Aufbeulung und Riß.
Diagonalen unter 45° zur Faserrichtung

A b b i l d u n g   14
Härte-Eindruck bei Stahldrahtkorn mit Diagonalen-Verzerrung und
(Pyramidenkanten unter 45° zur Faserrichtung)

Jedoch zeichnen sich experimentell bereits andere Grenzen ab. Die eigenen Versuche haben gezeigt, daß Prüflasten von 1 000 g zu hoch sind. Die Probe wird weggedrückt und zeigt Risse, wie es die Abbildungen 13 und 14 veranschaulichen. Auch wird hier sichtbar, wie sich die Fasern des untersuchten Materials wegdrücken und aufwerfen. Erst bei etwa 300 g Auflast trat die Rißbildung nicht mehr auf. Jedoch ist auch dieser Wert nicht immer mit Sicherheit ausreichend niedrig genug. Bei sehr sprödem Granulat ließen sich kleinere Körnungen hiermit nicht mehr prüfen, da das einzelne Korn durch die Auflast zersprengt wurde. Nach diesen Versuchen möchte der Berichter vorschlagen, 300 g als Prüflast zu verwenden und dem Gedanken Rechnung zu tragen, die Prüflast an die obere vertretbare Grenze zu legen.

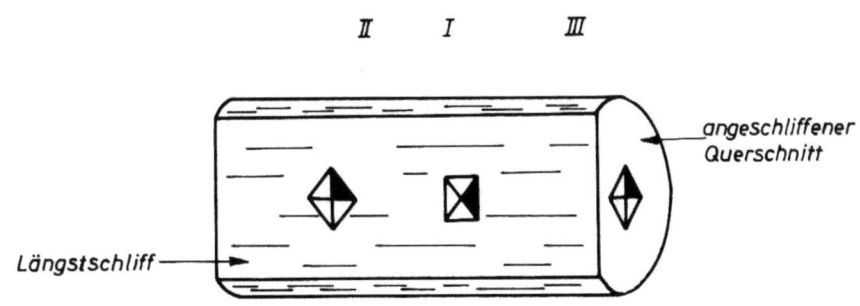

Abbildung 15

Anordnung der Härte-Eindrücke bei Draht und Drahtkorn

Bei Drahtkorn tritt zusätzlich noch die Frage auf, wie die Prüfung durchzuführen ist. Es ist zu unterscheiden zwischen einer Prüfung auf der Stirnfläche oder auf der Längsseite, wobei entweder die Kante oder eine Diagonale in Richtung der Drahtachse gelegt werden kann, um die Grenzwerte herauszunehmen. Die Versuchsanordnung zeigt Abbildung 15. Das Ergebnis an Drähten von vier verschiedenen Herstellern ist etwa einheitlich und zeigt, daß kaum nennenswerte Unterschiede durch die unterschiedliche Prüfrichtung zu verzeichnen sind. Als Beispiel diene das Ergebnis in Abbildung 16.

Die Schwierigkeit der Untersuchung der Härte zeigt Diagramm Abbildung 17. Die Probenahme sollte für diesen Versuch so erfolgen, daß erst einige Körner in der laufenden Produktion geschnitten wurden. Dann sollte ein Stück Draht für die Bestimmung der Zerreißfestigkeit entnommen werden, um dann wiederum einige Körner aus dem nun folgenden Ende des

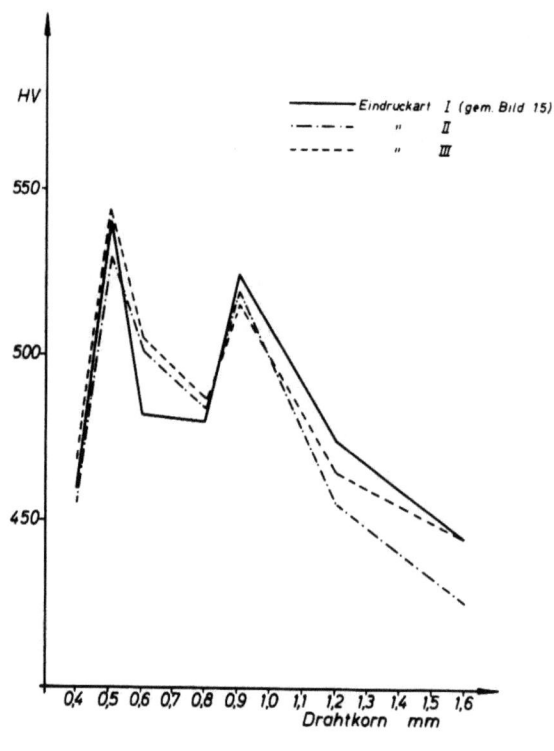

Abbildung 16

Härtemessung an Stahldrahtkorn für alle Kornabmessungen bei unterschiedlicher Anordnung der Eindrücke (vgl. Abbildung 15)

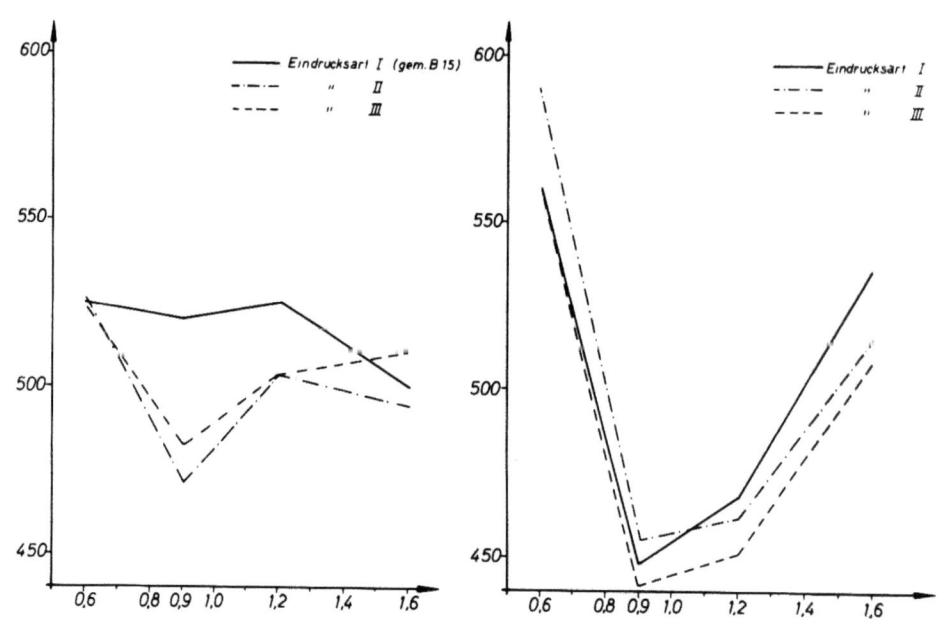

Abbildung 17

Härtemessung an Stahldrahtkorn des gleichen Drahtes
(Probeentnahme mit 2 m Differenz im Draht)

gleichen Drahtes zu schneiden. So sind beide Proben aus dem gleichen Draht entnommen, nur daß etwa 2 m Längenunterschied dazwischen liegt. Die ausgewiesenen Schwankungen machen deutlich, wie groß die Unterschiede selbst bei so enger Probenbegrenzung schon sind.

Da heute noch der Brauch besteht, bei Drahtkorn die Zerreißfestigkeit des Drahtes als "Güte"-Angabe bei der Bestellung und Lieferung zu verwenden, so ist es von Bedeutung, in welchem Umfange man am geschnittenen Drahtkorn die Zerreißfestigkeit nachweisen kann. Bekannt ist der Zusammenhang zwischen Härte und Zugbruchfestigkeit [29]. Jedoch gelten diese Werte ausdrücklich nur für Material, das keiner Kaltverformung unterworfen wurde. Das Übertragen auf Draht erscheint daher schon auf Grund dieser Einschränkung als kritisch. So untersuchte der Berichter Drahtkorn von vier Firmen, für das die gleichen Lieferbedingungen angegeben wurden. Für den metallkundlich Unvoreingenommenen würde die Angabe der gleichen Zugbruchfestigkeit eine einheitliche Materialart bedingen, unabhängig von der Korngröße oder vom Drahtdurchmesser. Die sicherste

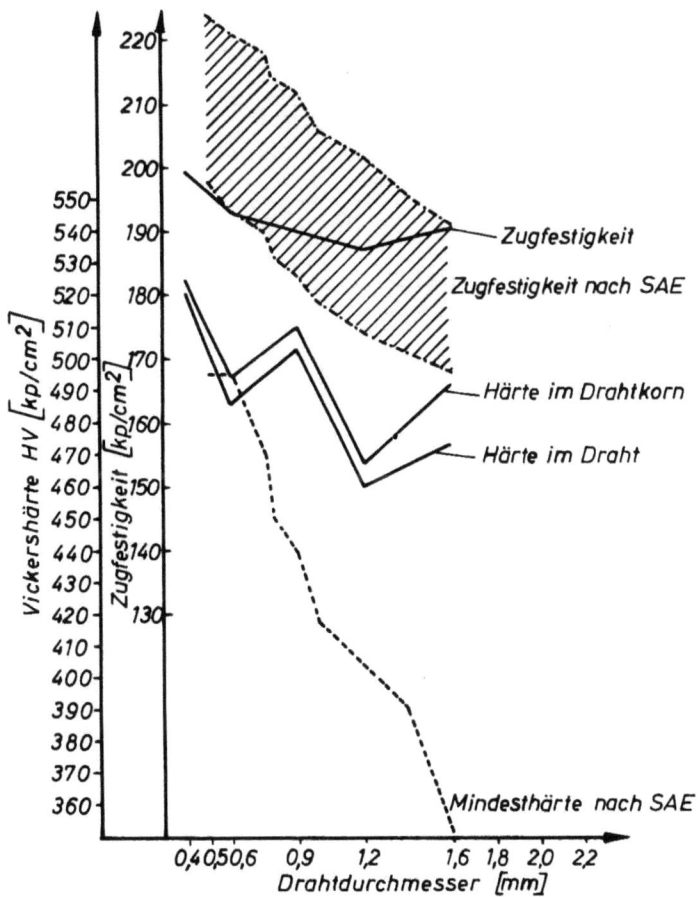

Abbildung 18

Härte und Zugfestigkeit bei Stahldraht und Stahldrahtkorn eines Lieferers (im Vergleich SAE Gütefestsetzung)

Grundlage der Beurteilung gab wieder auch das Material, für das Proben vor und hinter dem mitgelieferten unzerschnittenen Draht vorhanden waren.

Im Diagramm Abbildung 18 sind Härte im Draht, im Drahtkorn und die durch Zerreißversuch ermittelte tatsächliche Zerreißfestigkeit aufgetragen. Wohl drei Ergebnisse sind aus dieser Gegenüberstellung ablesbar:

Eine Aussage über die Höhe der Zerreißfestigkeit im Draht zu machen, wenn nur Drahtkorn vorliegt, ist nach heutiger Erkenntnis schwierig. Nimmt man zur Unterstützung noch die Werte von H. KRAUTMACHER hinzu, wie sie in Abbildung 19 dargestellt sind, so ist nicht einmal als eindeutig anzusehen, daß die auf Grund der Umrechnung aus der Härte ermittelte Zerreißfestigkeit stets niedriger als die durch Zerreißen des Ausgangsdrahtes sich ergebende Festigkeit ist.

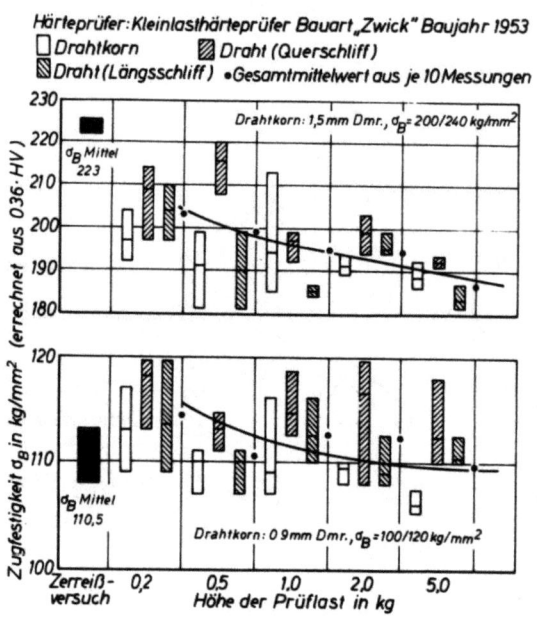

Abbildung 19

Vergleich der Zugfestigkeitswerte der Ausgangsdrähte mit den an den daraus gefertigten Drahtkornsorten aus der Härteprüfung ermittelten Zugfestigkeiten (Studienprobe).

Nach Stahl und Eisen 1958, S. 1437, Bild 8, H. KRAUTMACHER

Die zweite Aussage ist folgende: Die SAE-Richtlinien sehen, wie es in Tabelle 7 sichtbar ist, steigende Festigkeitswerte für die Bruchfestigkeit im Ausgangsdraht mit abnehmender Körnung und gleichfalls, wie zu erwarten, auch höhere Härten vor. In den USA steht man also auf dem Standpunkt, daß keine einheitliche Festigkeits- und Härtekennzeichnung für eine "Drahtkorn-Gütegruppe" möglich ist, daß aber eine gleichlaufende Tendenz, zunehmende Festigkeit im Ausgangsdraht und zunehmende Härte mit abnehmendem Durchmesser einzuhalten sei. Diese Erkenntnis wurde, so will es das Literaturstudium zu diesem Fragenkomplex ausweisen, durch Reihenversuche gewonnen, in denen die günstigste Materialart erstellt wurde. Somit sollte diese Erkenntnis solange als Richtlinie gewertet werden können, bis durch andere Reihenversuche erwiesen ist, daß ein Abweichen von dieser Handhabung sinnvoll ist. Die aufgezeigten Untersuchungen in Abbildung 18 weisen nun aus, daß in den untersuchten Proben diese Tendenz nicht vorhanden ist. Es wäre deshalb interessant, zu prüfen, ob die Abweichung zweckmäßig ist, und ob nicht doch die genauere Festlegung der Kennzeichnung von Drahtkorn-Gütegruppen etwa entsprechend der Vorschläge der SAE angebracht ist.

Schließlich läßt sich für eine Güteüberwachung bei Drahtkorn daraus folgern, daß eine Überwachung des geschnittenen Drahtkornes allein nicht genügt. Die Überwachung des geschnittenen Drahtkorns kann sich sicher nur auf die Analyse, auf die Gefügeausbildung, auf Kornabmessung und Kornform beziehen, also auf das, was durch die "Eingangskontrolle" (vgl. hierzu Abschnitt 3.27) festzustellen ist. Sicher wird durch Festlegen von Verschleiß-Kennwerten auch die Güte-Gleichheit für den Einsatz beurteilt werden können. Nicht aber festgelegt werden dadurch die Lieferangaben über Zerreißfestigkeit im Ausgangsdraht und Härte, wie es zur Festlegung der Gütegruppe bei Drahtkorn nach den bisher einzigen Gütevorschlägen der SAE als Richtschnur gegeben ist. Dies zu überwachen ist nur durch Probe-Entnahme aus der Herstellung möglich. Sie kann nur so erfolgen, daß eine Kontroll-Person unregelmäßig und unangemeldet aus der laufenden Fertigung Proben entnimmt, in der Weise, wie es bei den Proben Abbildung 17/18 erfolgte. Es sollte dabei selbst aus dem gerade laufenden Schneidvorgang eine ausreichende Menge für die Verschleiß- und Wirkprüfung entnommen werden, weiterhin dann eine kleine Anzahl von Körner für die Härtemessung. Bei dieser Entnahme sollten erst einige Körner geschnitten werden, dann eine ausreichende Länge des nachfolgenden Drahtstückes in unzerschnittenem Zustande, um dann wieder einige Körner zur weiteren Härtemessung zu entnehmen.

Die Arbeit von H. KRAUTMACHER weist aus, daß es nur möglich ist, abschließend die Frage der Zuordnung einer bestimmten Härte im Draht zur

Zerreißfestigkeit und zur Härte der einzelnen Drahtkörner zu klären, wenn über längere Zeit hinweg bei den Herstellern Reihenuntersuchungen ausgeführt werden. Hierbei wären Analyse, Gefüge, Ziehmethode einerseits und dann die Härte im Draht, in den daraus geschnittenen Körnern und die Zerreißfestigkeit jeweils zu bestimmen. Erst eine umfassende statistische Erfassung kann klären, welcher Zusammenhang zwischen den hier interessierenden Größen besteht. Die Durchführung einer eng begrenzten Anzahl von Untersuchungen führt sicher, wie die Untersuchung des Berichters es ausweist, und die Darlegung von H. KRAUTMACHER es bestätigt, zu keiner richtungsweisenden Klarstellung.

Eine weitere Schwierigkeit bei der Härtemessung von Strahlmitteln ergibt sich dadurch, daß an den Proben die Messung nicht direkt durchgeführt werden kann. Die Abmessungen von Strahlmittelkörnern sind so klein, daß sie eingebettet oder in eine Klemmvorrichtung eingespannt werden müssen, um die Messung zu ermöglichen.

Als Einbettmasse verwendet man meist Plexiglas oder Kunstharz. Durch die Einbettung ergeben sich verschiedene Einflüsse auf die Messung.

So ergibt die Härtemessung an Strahlmitteln danach nur relative Werte. Wovon die Größen abhängen können, zeigen folgende Überlegungen:

Die Einbettmassen können plastisch oder elastisch nachgeben. Es ist also möglich, daß bei der Belastung eines Kornes dieses entweder in die Einbettmasse hineingedrückt wird und dort verharrt oder wieder zurückfedert. Diese Beeinflussung hängt von der Art der Einbettmasse, dem Durchmesser und der Dicke der Einbettprobe und vom Sitz des Kornes in der Probe ab. Der Durchmesser kann konstant gehalten werden. Das genaue Einhalten der Probendicke ist aber schwieriger.

Somit muß darauf geachten werden, daß nach einer einheitlichen Vorschrift bei Anwendung der gleichen Einbettmassen gearbeitet wird. Der Berichter verwendet Proben von 25 mm Durchmesser und 15 mm Höhe. Hierzu werden 8 g Einbettmasse und 2 g Strahlmittel verwendet. Die Strahlmittel werden so in die Form gelegt, daß sie in geschlossener Schicht und möglichst gleichmäßig verteilt über die Oberfläche des Prüfkörpers anliegen. Jedoch sollte auch die benutzte Masse einheitlich sein, um hierdurch entstehende Fehler auszuschließen.

Als Massen werden solche verwendet, die kalt oder warm aushärtbar sind. Wenn auch, wie Tabelle 3 ausweist, keine erkennbaren Einflüsse durch das Warmaushärten sich ergeben haben, so würde es nach Ansicht des

Tabelle 3

Härtemessung an Strahlmitteln bei kalter und warmer Einbettung

	normal HV_m	Streubereich HV	erwärmt HV_m	Streubereich HV
Drahtkorn 1,6 - 1,8 mm	405	366 - 454	434	385 - 481
Hartguß 1,75 - 2,0 mm	929	796 - 1007	920	827 - 1050
Stahlguß 2,0 - 2,5 mm	387	262 - 429	397	366 - 429

Berichters nötig sein, nur kalt aushärtende Massen zu verwenden. Die auftretenden Erwärmungen beim Einbetten sind dann mit Sicherheit nicht als Störfaktor zu benennen. Um den Einfluß des warmen oder kalten Einbettens zu untersuchen, wurden die Proben für die Untersuchungen gem. Tabelle 3 wie folgt behandelt: Die Strahlmittelproben wurden einerseits kalt eingebettet, wie sie als Probe vorlagen. In einer weiteren Probengruppe wurden die Körner eine halbe Stunde lang auf Temperatur von 150° C gehalten, wie es bei der Durchführung der warmen Einbettung etwa nötig ist. Dann wurde die erwärmte Probe langsam abgekühlt, um dann gleichfalls mit der kalten Masse eingebettet zu werden. Als Einbettmasse wurde Palatol P 6 der Firma Badische Anilin & Sodafabrik A.G., Ludwigshafen, verwendet.

Es ergibt sich, daß eine nennenswerte Änderung nicht zu erkennen ist. Die Streuung der Härte einzelner Körner ist so groß, daß die in der Tabelle ausgewiesenen Abweichungen mit der Streuung sicher begründet werden können. Zu berücksichtigen ist, daß die kalt eingebetteten Proben gleichfalls sich durch die Umwandlungswärme eine gewisse Temperatursteigerung erfahren, die bei 50 bis 60° liegt. Dieser Temperatur unterliegt die Probe für etwa 1/2 Stunde.

Schließlich ist noch ungeklärt, wie sich die absolute Härte zu der hier gemessenen relativen Härte verhält. Es erscheint durchaus möglich, daß bei unterschiedlicher Korngröße, aber gleicher Kornform, also z.B. bei Schrot unterschiedlicher Abmessung, jede eingebettete Korngröße sich in der Einbettmasse anders verhält, stärker oder weniger stark zurückfedert oder sich eindrückt. Somit erscheint nur gegeben, daß die gemessene

Härte nur eine relative Vergleichszahl in bezug auf Körnungen gleicher
Form und Abmessungen ist. Der Vergleich unterschiedlicher Korngrößen
und Kornformen ist für genauere Überlegungen kritisch. Es wird sich als
nötig erweisen, dieser Frage Beachtung zu widmen, sofern genauere Aussagen über den Einfluß unterschiedlicher Härte auf die Wirkung des
Strahlmittels gemacht werden sollen.

3.23 Zur Frage der Körnungs-Kennzeichnung

Wohl für keine der Kennwerte der Strahlmittel besteht ein so natürliches Bedürfnis wie für die Körnungskennzeichnung. Allein schon vom Standpunkt des Herstellers, um seine Ware einfach beschreiben zu können, ist
das Festlegen von Größenangaben erforderlich. Somit aber erwächst hieraus auch die erste Gütevorschrift, nämlich die Frage der Übereinstimmung zwischen "Größenfestsetzung durch den Hersteller" (= Lieferbedingung) und der tatsächlichen Lieferung. Es ist also verständlich, daß
die ersten Strahlmittelnormen Körnungsbezeichnungen festlegen und den
Anteil der vorgesehenen Körnungen in den Siebbereichen. Es ist kaum
verständlich, daß um 1952 in Deutschland sich praktisch nicht in Erfahrung bringen ließ, was unter den einzelnen Körnungsnummern bei Strahlmitteln zu verstehen war. Eine Festsetzung von Sollkornanteilen im vorgesehenen Bereich liegt auch heute nach Wissen des Berichters nicht vor.
Die Festsetzungen der Körnungsnummern allein mit "Brauch" abzutun,
widerstrebt einem jeden Ingenieur. Es erhebt sich die Frage, weshalb
die abnehmende Gruppe der Ingenieure, vornehmlich aus dem Kreis der
Gießerei-Industrie, nie die Frage nach dem "Inhalt" der Körnungsbezeichnung gestellt haben.

Zu Beginn seiner Untersuchungen stellt deshalb der Berichter heraus
[30], daß es zweckmäßig sei, eine Übereinkunft zu treffen, solange
keine eigenen deutschen Normen oder sonstigen Festlegungen auf übergeordneter Basis bestünden. Die Notwendigkeit einer solchen Maßnahme
zeigte die Siebung der gleichen Strahlmittelkörnungen. Tabelle 4 gibt
das damalige Ergebnis wieder und stellt neuere Absiebungen der gleichen Körnung damit gegenüber.

Die Körnungsnummern sahen bisher die in Tabelle 5 zweite Zeile aufgeführte Stufung der Sollsiebe vor. Wenn für Prüfsiebe heute auf die
geometrische Stufung der lichten Siebmaschenweite nach DIN 41 88 Blatt 1
übergegangen wird, so sollte folgerichtig auch für Strahlmittel die
Siebstufung gem. DIN 41 88 eingeführt werden. Im VDG-Merkblatt (vgl.

Tabelle 4

Siebanalyse von Hartgußschrot gleicher Nennkorngröße
im Anlieferungszustand

Nr.	2. Überkorn [%]	1. Überkorn [%]	Soll-Korn [%]	1. Unterkorn [%]	2. Unterkorn [%]
1	4,6	29,6	46,9	18,4	-
2	8,4	18,8	65,7	5,8	1,2
3	-	2,6	55,4	41,2	0,6
4	-	2,2	85,4	12,4	-
5	1,0	6,0	78,5	14,1	0,2
6	-	7,1	50,2	40,8	0,4
7	-	16,0	46,7	34,9	1,7
8	2,6	33,4	60,8	1,8	-
9	-	32,0	65,6	1,9	0,1
10	-	-	87,3	11,8	0,9
11	-	48,0	41,0	9,0	2,0
12	-	29,7	48,0	18,0	3,0
13	-	20,0	80,0	-	-
14	-	5,0	75,0	17,0	2,0
15	-	-	90,0	10,0	-
16	-	-	43,4	44,2	8,6
17	-	-	57,0	34,0	8,0
18	-	-	60,0	32,0	6,0
19	-	8,0	87,0	5,0	-
20	-	-	60,0	37,0	2,0
USA-Norm	-	2,5 max.	82 min.	12 max.	3 max.

Anlage) ist deshalb die gem. Zeile 4 vorgesehene Stufung als Austausch für die bisherigen Siebe in der darüberliegenden Zeile vorgeschlagen. Die Entwicklung der Strahltechnik zeigt, daß es zweckmäßig erscheint, als Stufung bis 0,8 mm die Normzahlreihe R 5 zu verwenden. Jedoch abweichend von der bisher verbreiteten Anschauung wird dann bereits die Stufung der Reihe R 10 benutzt, unter Anwendung der abgeänderten Maße nach DIN 41 88. Somit wird also die Körnung mit 1,0 mm lichter Maschenweite für das Sollkorn zusätzlich mit einbezogen.

Bei bestimmten Firmen ist die Körnung 20 schon seit einiger Zeit im Gebrauch.

Die zur Zeit bekannte Körnungsfestsetzung der SAE, vgl. Tabelle 6, sieht neben Angaben für den Sollkorn-Anteil noch solche für Über- und Unterkörnungen vor. Die deutschen Vorschläge wollen sich darauf beschränken, vorerst als erstrebenswertes Ziel anzugeben, welche Sollkornanteile nur vorhanden sein müssen. Sie sind in Zeile 3 der Tabelle nach einem Vorschlag von J. WOCHINGER aufgeführt.

Der Versuch der deutschen Festsetzung und die Staffelung nach der SAE-Norm sind in Abbildung 20 gegenübergestellt.

Schon H.P. HABERLIN [31] vertrat die Ansicht, aus Gründen der Vereinfachung die hergebrachten Körnungsbezeichnungen aufzugeben und eine solche zu verwenden, die sich an die lichte Maschenweite des Sollsiebes anlehnt. In Parallele zu der Handhabung bei einer der Körnungskennzeichnungen der SAE wird somit vorgeschlagen, als Körnungsnummer die lichte Maschenweite des Sollsiebes in hundertstel Millimeter anzugeben.

Es soll aber für eine Körnung mit Sollkorn 0,315 die Nummer 32 benutzt werden, somit K 32, S 32 für Kies und Schrot. Zur weiteren Kennzeichnung ist, wie durchgeführt, das Symbol für die Kornform hinzuzufügen. Ein unterschiedliches Kennummern-System für Schrot, Kies oder Schnittkorn sollte nicht verwendet werden. Zusätze sind für Drahtkorn festzulegen, wenn andere als zylindrische Körner geschnitten werden und wenn bei zylindrischem Korn die Längen abweichend vom Durchmesser gewählt werden. Für Blechkorn sind zusätzliche Angaben nötig, wenn andere Formen als Würfel erstellt werden. Jedoch soll die weitere Erörterung über die Sonderfrage hier nicht erfolgen.

Der Berichter glaubte, daß die Hersteller schwer von hergebrachten Bezeichnungen abgehen würden, da die Verbraucher dann erst umorientiert werden müßten. In erfreulicher Weise jedoch ist festzustellen, daß gerade aus Herstellerkreisen der Vorschlag unterbreitet wurde, die undurchsichtige Körnungskennzeichnung durch eine sinngemäße zu ersetzen, so daß somit der Vorschlag von H.P. HÄBERLIN der Verwirklichung näher rückt, eine sehr erfreuliche Tatsache.

Sicher ist die Handhabung der SAE-Norm wesentlich enger und technisch vorteilhafter, da sie die gewünschte Körnung genauer festsetzt. Würde z.B. Schrot S 460 gem. der deutschen Vorschläge geliefert, so würde es 80 % Sollkorn innerhalb seiner Sollabmessungen besitzen. Der Rest

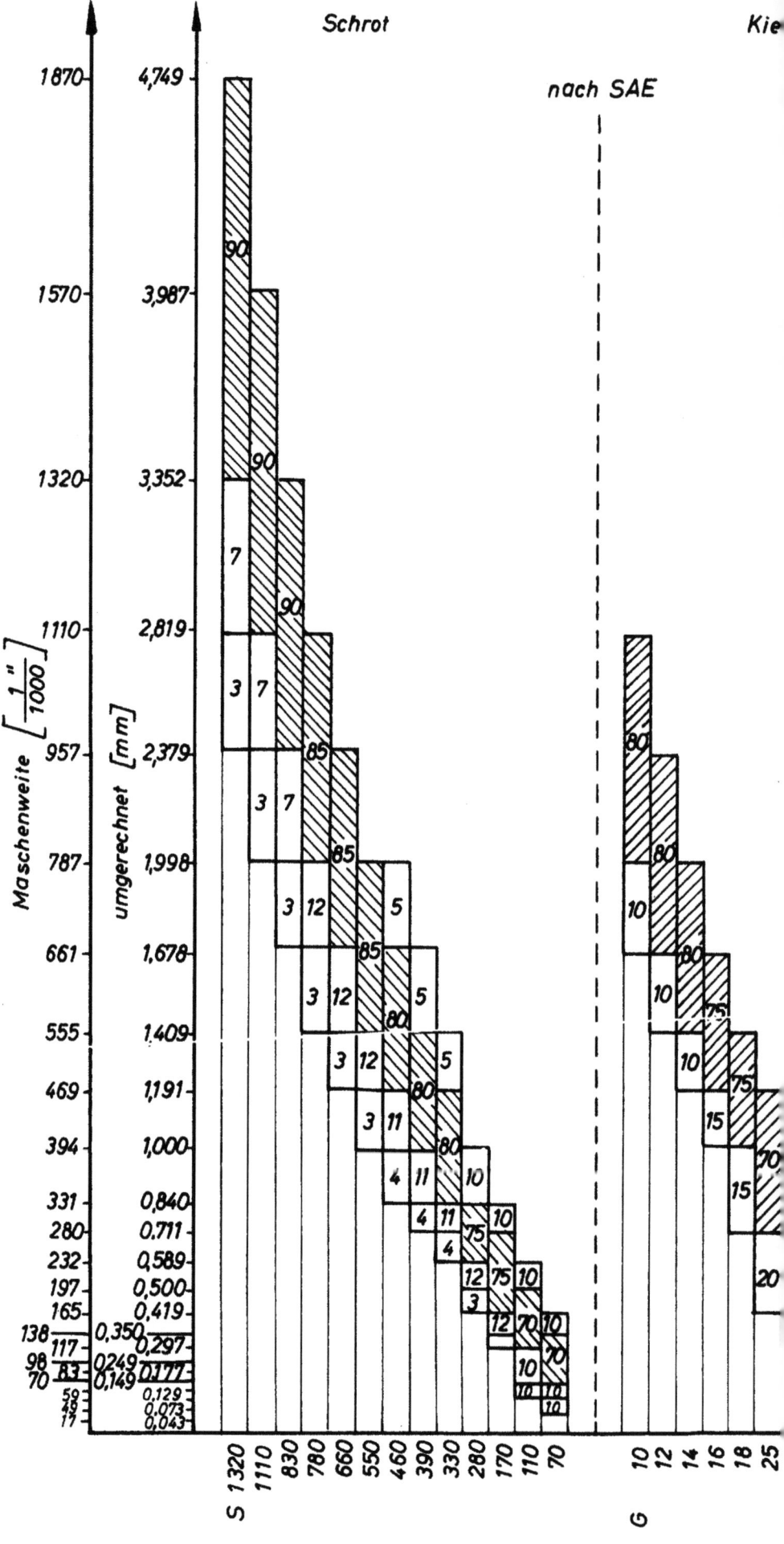

Abb.
Korngrö
Gegenüberstellung der S

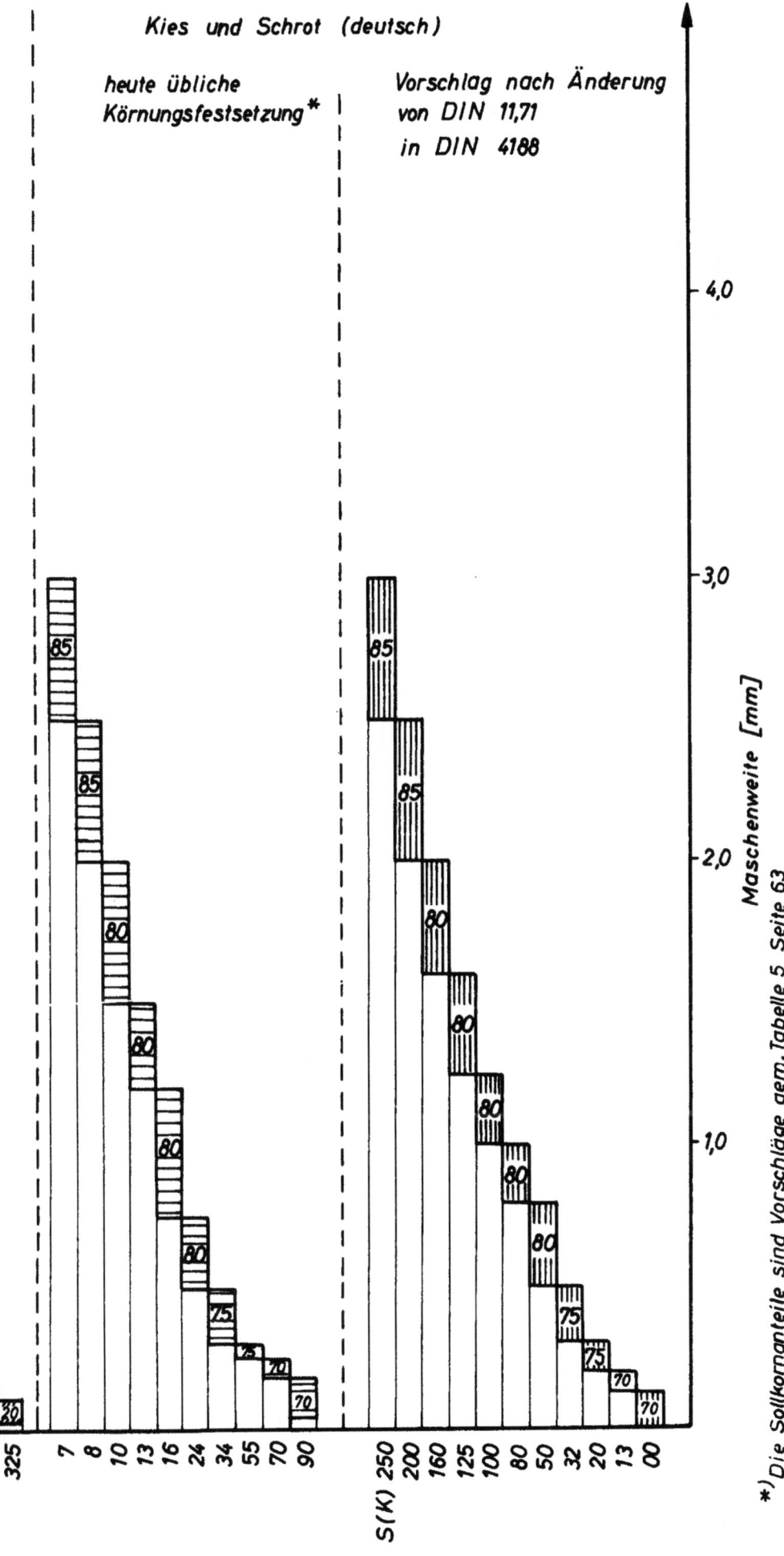

Tabelle 5

Vorschlag zur Körnungskennzeichnung für Granulate

Körnungs-Nr. alt	7	8	10	13	(15)	16	(20)	24	34	55	70	90
Nennsieb alt mm	2,5	2,0	1,5	1,2	1,0	0,75	(0,75)	0,5	0,3	0,2	0,15	0
Sollkorn-Anteil	85	85	80	80	80	80	80	80	75	75	70	70
Nennsieb neu mm	2,5	2,0	1,6	1,25	1,0	entf.	0,8	0,5	0,315	0,2	0,125	0
Körnungs-Nr. neu	250	200	160	125	100	entf.	80	50	32	20	13	00
Vergleichbare SAE-Nr.	S-930	S-780	S-550	S-460	S-390		S-330	S-170	S-110	S-70		

Seite 63

Tabelle 6

SAE-Körnungsfestsetzung für Granulata

Körnungs-nummer	Nennsieb USA [in.]	Nennsieb [mm]	Nennanteil [%]	Obersieb USA [in.]	Obersieb [mm]	Anteil Obersieb [%]	Untersieb USA [in.]	Untersieb [mm]	Anteil Unters. [%]	Klein-anteil [%]
S 110	0,0117	0,3	70	0,0197	0,5	10	0,007	0,158	10	10
G 50	0,0117	0,3	65	-	-	-	0,007	0,158	25	10
S 170	0,0165	0,41	75	0,028	0,72	10	0,0138	0,35	12	3
G 40	0,0165	0,41	70	-	-	-	0,0117	0,3	20	10
S 230	0,0232	0,59	75	0,0331	0,85	10	0,0197	0,5	12	3
G 25	0,028	0,72	70	-	-	-	0,0165	0,41	20	10
S 330	0,0331	0,85	80	0,0469	1,19	5	0,0280	0,72	11	4
S 390	0,0394	1,0	80	0,0555	1,41	5	0,0331	0,85	11	4
G 18	0,0394	1,0	75	-	-	-	0,0280	0,72	15	10
S 460	0,0469	1,19	80	0,0661	1,68	5	0,0394	1,0	11	4
G 16	0,0469	1,19	75	-	-	-	0,0394	1,0	15	10
S 550	0,0555	1,41	85	-	-	-	0,0469	1,19	12	3
G 14	0,0555	1,41	80	-	-	-	0,0469	1,19	10	10
S 660	0,0661	1,68	85	-	-	-	0,0555	1,41	12	3
G 12	0,0661	1,68	80	-	-	-	0,0555	1,41	10	10
S 780	0,0787	2,0	85	-	-	-	0,0661	1,68	12	3
G 10	0,0787	2,0	80	-	-	-	0,0661	1,68	10	10
S 930	0,0937	2,4	90	-	-	-	0,0787	2,0	7	3
S 1110	0,111	4,3	90	-	-	-	0,0937	2,4	7	3

jedoch könnte in Extremfällen Überkorn oder Unterkorn sein. Dabei sei zur Vereinfachung angenommen, daß nur die erste Über- oder Unterkorngröße auftreten würde. In diesen Fällen wäre die mittlere Körnung 1,65 mm für den Restanteil als Überkorn und 1,40 mm für den Restanteil als Unterkorn. Bei der Festlegung der Anteile für Über- und Unterkorn nach der SAE-Norm ergibt sich eine mittlere Körnung von 1,45 mm gemäß Auswertung nach ROSSIN-RAMMLER [32].

Für die Festlegung der Sollkornanteile sind zwei Gründe vorhanden: Eine der wesentlichsten "Wirkungen" der Strahlmittel ist das Aussehen und die Rauhigkeit der durch sie bei gegebenen Maschinenverhältnissen auf gleichartigen Werkstücken erzeugten Oberfläche. Diese aber wird durch die Kornform, die Korngröße und durch die Kornverteilung des verwendeten Strahlmittels bestimmt. Will der Verbraucher also eine bestimmte Oberfläche laufend erzeugen, so muß er auf eine gleichbleibende Anlieferung Wert legen. Die Abbildungen 21 bis 23 zeigen Aufnahmen von Oberflächen, die mit handelsüblichen Strahlmitteln der Körnung Schrot 13 behandelt wurden. Bei Abbildung 21 liegt die Körnung als reines Sollkorn vor, bei Abbildung 22 treten neben der Sollkörnung 20 % Überkorn auf und bei Abbildung 23 enthielt das Strahlmittel neben der Sollkörnung 20 % Unterkorn. Die Abbildungen 24 bis 26 zeigen die von diesen Oberflächen aufgenommenen Rauhigkeitsmessungen. Als Werkstoff wurde St. 37 verwendet. Die Strahlungen wurden mit Neukorn durchgeführt. Aus den Aufnahmen (Abb. 21 bis 23) ist deutlich ein Unterschied abzulesen. Besonders schon bei visueller Kontrolle der Oberfläche sind deutliche Abweichungen in der Rauhigkeit und der Art der Vertiefung zu erkennen. Häufig wird für eine bildliche Darstellung neben den Aufnahmen gemäß Abbildungen 21 bis 23 jeweils noch die Rauhigkeitsmessung (vgl. Abb. 24 bis 26) hinzugefügt. Zweckmäßiger ist es aber, den visuellen Eindruck durch eine Beschreibung festzulegen.

Der zweite Grund zur Festsetzung des Sollkorn-Anteils liegt darin, daß ein gröberes Korn eine längere Betriebslebensdauer besitzt. Es dauert wesentlich länger, bis ein gröberes Korn so verschlissen ist, daß es durch die Absaugung ausgeschieden wird. Somit besteht die Möglichkeit, die "scheinbare Güte" der Strahlmittel dadurch zu verändern, daß die mittlere Korngröße nach oben verschoben wird. Diese Methode ist nicht erwünscht, jedoch zu beobachten. Auch Labor-Kennwerte werden durch diese Handhabung zu den höheren Werten verlagert. Besonders bei Drahtkorn gibt dies zu Schwierigkeiten Anlaß und wird dort besonders zu behandeln sein.

Abbildung 21
Bestrahlte Oberfläche
Strahlmittel: GH-S120; nur Sollkorn

Abbildung 22
Bestrahlte Oberfläche
Strahlmittel: GH-S120; 80 % Sollkorn und 20 % 1. Unterkorn

Abbildung 23
Bestrahlte Oberfläche
Strahlmittel: GH-S120; 80 % Sollkorn und 20 % 1. Überkorn

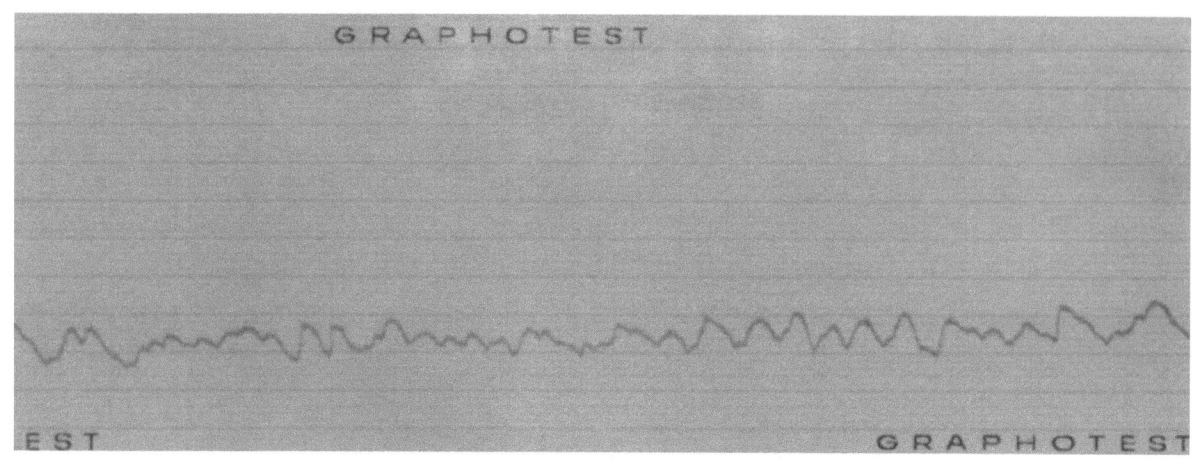

A b b i l d u n g 24
Rauhigkeitsmessung an bestrahlten Oberflächen mit Sollkorn
(vgl. Abb. 21)

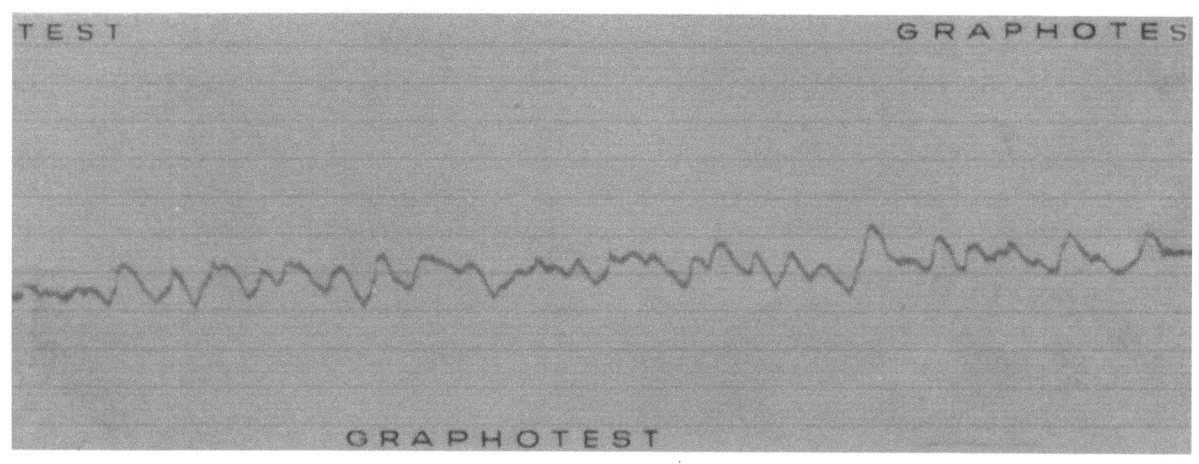

A b b i l d u n g 25
Rauhigkeitsmessung an bestrahlten Oberflächen; 80 % Sollkorn
und 20 % 1. Unterkorn (vgl. Abb. 22)

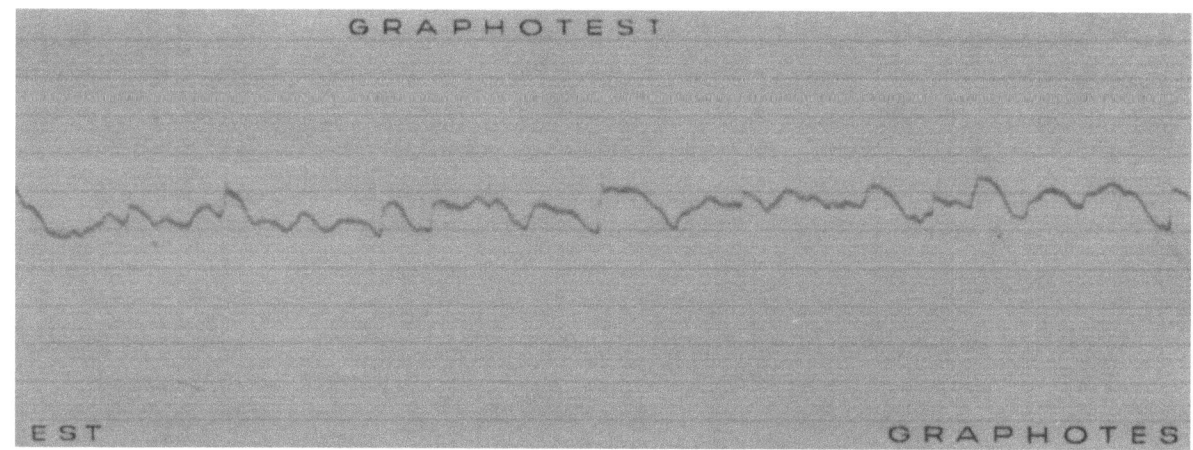

A b b i l d u n g 26
Rauhigkeitsmessung an bestrahlten Oberflächen; 80 % Sollkorn
und 20 % 1. Überkorn (vgl. Abb. 23)

In die gleiche Überlegung hinein gehört gegebenenfalls die Untersuchung
der Kornverteilung innerhalb eines Sollkornbereichs. Die bei der Granulation anfallende Verteilung der Körnungen wird bei gleicher Methodik
sicher eine bestimmte Gesetzmäßigkeit besitzen. Für einige Schmelzen
zeigt Abbildung 27 die ermittelte Verteilung. Je nach Verfahren wird
das Maximum der Häufigkeitskurve sich verlagern, jedoch im Prinzip stets

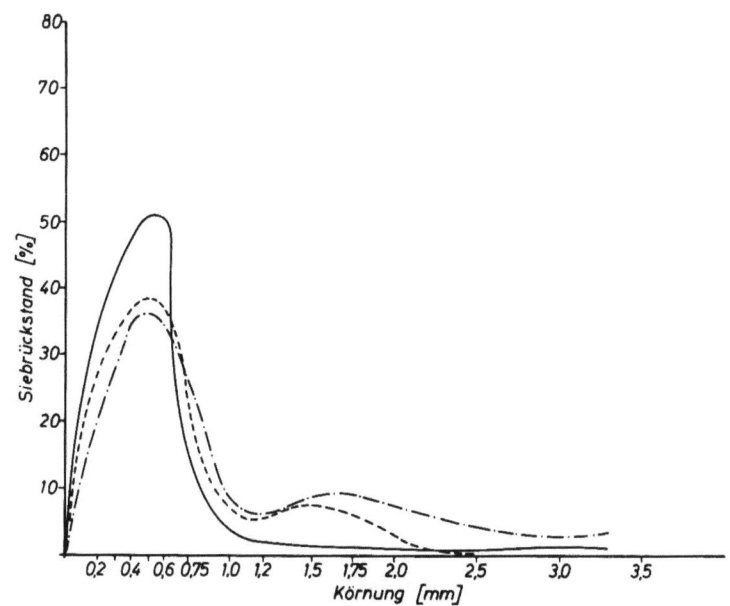

A b b i l d u n g 27
Kornverteilung bei Granulation

eine solche Verteilungskurve ergeben. Beim Aussieben einer Körnung
wird nun praktisch ein Teilbereich dieser Verteilung herausgenommen,
wie es in Abbildung 28 schematisch veranschaulicht werden soll. Die Verteilung soll dabei in jeder der drei Schmelzen der gleichen Gesetzmäßigkeit folgen, nur daß die Korngrößen verschoben wurden. Unter diesen
Voraussetzungen und mit den Anteilen, wie sie im Diagramm angegeben
sind, würde sich die mittlere Körnung im Siebbereich für die Schmelze a
zu 0,4 mm, für b zu 0,33 mm und für die Schmelze c zu 0,49 mm ergeben.
Heute ist als dringlich herauszustellen, daß Sollkornanteile geliefert
werden, die etwa mit denen der SAE-Festsetzung vergleichbar sind. Hierbei wird, wie angeführt, die genauere Körnungsfestsetzung durch Festlegen auch der Restanteile noch nicht in die Erwägung zu ziehen sein.
Somit werden auch die Unterschiede, die sich durch die Verteilung der
Korngrößen in einem Siebbereich ergeben, vorerst noch lange unberücksichtigt bleiben.

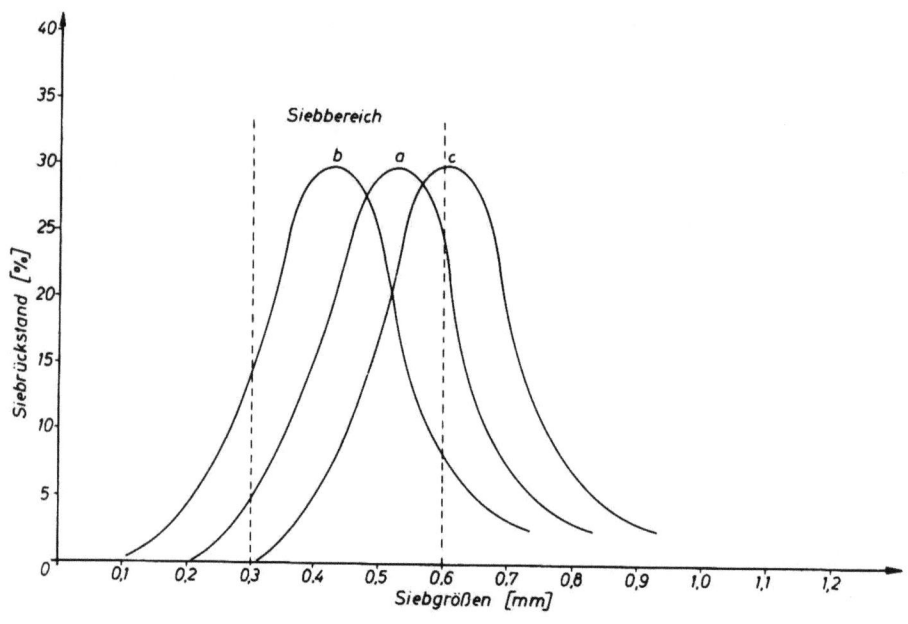

Abbildung 28

Kornverteilung in einem Siebbereich bei unterschiedlicher Lage
des Körnungsmaximums, aber gleicher Charakteristik der Granulation

Bei der Körnungsfestsetzung von Drahtkorn sollte gleichfalls versucht
werden, etwa die geometrische Stufung einzuhalten. Andererseits ist jedoch auf die Drahtdurchmesser zurückzugreifen, die für andere Zwecke
verwendet werden. So hat sich die in Tabelle 7 angegebene Stufung eingeführt. Die Kennzeichnung sollte entsprechend der Zeile "Körnungsnummer", z.B. D 120, vorgenommen werden, sofern es sich um Drahtkorn der
Abmessung 1,2 mm für den Durchmesser und die Länge handelt. In Anlehnung an die SAE-Norm für "cut wire" werden für die einzelnen Körnungen
Abweichungen für den Durchmesser, die Länge und das Gewicht vorgesehen.
Die Angaben des SAE glaubt der Berichter so zu verstehen, daß zur besseren Schreibweise die jeweilig zulässigen Schwankungen für eine Vielzahl von Körnern angeführt wurden, so daß der Wert je Einzelkorn somit
gemeint ist. Die Addition der Abweichungen von einer größeren Zahl von
Körnern zuzulassen, führt zu so großen Unterschieden, daß dann von einem
einheitlichen Korn kaum noch zu sprechen ist, obwohl die Bedingungen
der SAE-Norm eingehalten sind. Daher führt der Berichter auch die Abweichung je Einzelkorn auf. Läßt man z.B. eine Längen- und Durchmesserdifferenz von 5 % nach oben und unten zu, so verhalten sich bereits die
Kornzahlen dieser Körnungen im Extremfall wie $0,95^3 : 1,05^3$, also wie
1 : 1,35. Somit entfallen auf 3 Körner des gröberen Materials bereits

T a b e l l e   7

Vorschlag zur Körnungskennzeichnung von Drahtkorn (für Deutschland)

Kornabmessung Nennmaß in [mm]	Kennzeichnung	Durchmesser-Abweichung in [mm]	Längen-Abweichung [mm]	Korngewicht [mp]	Zugbruchfestigkeit im Ausgangsdraht [kp/mm^2]	Vickers-Härte [kp/mm^2]
1,6	D 160	± 0,05	± 0,1	22 – 27	160 – 180	345
1,2	D 120	± 0,05	± 0,1	9,6 – 11,6	170 – 190	380
0,9	D 90	± 0,03	± 0,075	4 – 5	180 – 200	435
0,6	D 60	± 0,03	± 0,05	1 – 1,4	200 – 220	485
0,4	D 40	± 0,02	± 0,05	0,4 – 0,6	210 – 230	485
0,3	D 30	± 0,02	± 0,05	0,14 – 0,24	215 – 235	485

T a b e l l e   7a

SAE-Körnungsfestsetzung für Drahtkorn Drahtkornkennzeichnung

Nennabmessung amerik. [in.]	deutsch ~ [mm]	Zugfestigkeit im Ausgangsdraht [Psi]	[kp/mm^2]	Mindesthärte HV (nach Tabelle err.)	Rockwell	Durchmesser Abweichung ~ [mm]	Längen-abweichung ~ [mm]	Korngew. ~ [p]
0,0625	1,6	237–272	168–191	350	36	± 0,05	± 0,1	0,022 – 0,026
0,054	1,38	243–279	171–196	390	39	± 0,05	± 0,1	0,014 – 0,018
0,047	1,21	248–286	174–202	404	41	± 0,05	± 0,1	0,0096 – 0,0116
0,041	1,05	255–293	179–206	417	42	± 0,05	± 0,1	0,0062 – 0,0078
0,035	0,9	261–301	183–212	440	44	± 0,025	± 0,07	0,004 – 0,0048
0,032	0,82	265–305	186–214	450	45	± 0,025	± 0,07	0,003 – 0,0036
0,028	0,74	271–311	190–218	470	46	± 0,025	± 0,07	0,002 – 0,0024
0,023	0,59	275–314	193–221	495	48	± 0,025	± 0,05	0,001 – 0,0014
0,020	0,51	283–320	198–224	495	48	± 0,025	± 0,05	0,0008 – 0,001

4 des feineren. Gegenüber der Sollabmessung d = 1 und L = 1 ergeben sich dann Schwankungen von $0,95^3 : 1 : 1,05^3$, die sich wie 85 : 100 : 116 verhalten.

Die Kontrolle der Kornabmessungen kann bei Drahtkorn nicht durch Aussieben erfolgen. Dies ist als Kontrolle der Abmessungen im Neuzustand ungeeignet. Auch das gelegentlich angeführte Abmessen mit Hilfe von Mikrometerschrauben ist praktisch undurchführbar. Es hat sich als zweckmäßig erwiesen, mit Hilfe eines Meßmikroskops eine Vielzahl von Körnern auszumessen. Somit besteht auch für den geübten Laboranten die Möglichkeit, die subjektive Beurteilung, also die Schnittführung, Quetschung u.ä. mit zu beobachten. Es erscheint nötig, die Streuung der Abmessungen protokollarisch mit zu erfassen. Dabei ist eine Auswertung gemäß Tabelle 8 nach den hier vorliegenden Erfahrungen zweckmäßig. Es ist anzugeben, wieviel Drahtstärken verwendet wurden und der jeweilige Anteil der verschiedenen Stärken. Für jedes Korn ist das Durchmesser-Längenverhältnis zu bestimmen, um ein richtiges Bild hiervon zu bekommen. Gegebenenfalls ist ein Säulenschaubild des Längendurchmesser-Verhältnisses

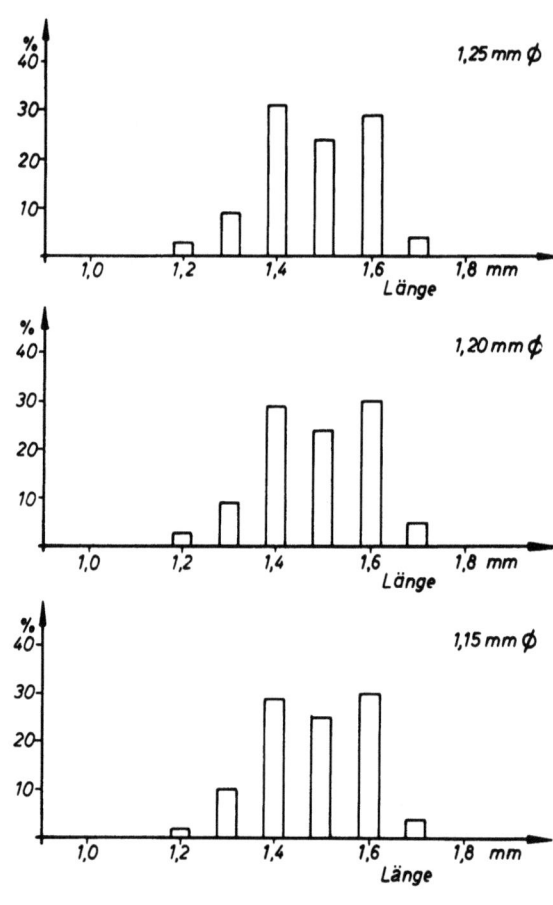

A b b i l d u n g 29

Darstellung der Kornabmessungen aus einer Drahtkornmessung

Tabelle 8

Messung einer Drahtkornanlieferung

Anzahl der Körner	Draht ⌀ [mm]	Drahtlänge [mm]	L : D
1	1,15	1,2	1,044 : 1
4	1,15	1,3	1,130 : 1
12	1,15	1,4	1,217 : 1
10	1,15	1,5	1,304 : 1
12	1,15	1,6	1,391 : 1
2	1,15	1,7	1,478 : 1
41	$d_1 = 1,15$	$L_m = 1,483$	$L_m : D_1 = 1,29 : 1$
3	1,2	1,2	1 : 1
9	1,2	1,3	1,083 : 1
29	1,2	1,4	1,167 : 1
24	1,2	1,5	1,250 : 1
30	1,2	1,6	1,333 : 1
5	1,2	1,7	1,417 : 1
100	$d_2 = 1,2$	$L_m = 1,485$	$L_m : D_2 = 1,237 : 1$
2	1,25	1,2	0,96 : 1
5	1,25	1,3	1,04 : 1
18	1,25	1,4	1,12 : 1
14	1,25	1,5	1,20 : 1
17	1,25	1,6	1,28 : 1
3	1,25	1,7	1,36 : 1
59	$d_3 = 1,25$	$L_m = 1,481$	$L_m : D_3 = 1,185 : 1$

anzufertigen, wie es in Abbildung 29 veranschaulicht ist, für die verschiedenen Drahtstärken getrennt. Für den Überblick hat es sich außerdem als sinnvoll erwiesen, eine mittlere Drahtstärke und eine mittlere Länge anzugeben, so daß auch ein mittleres Durchmesser-Längenverhältnis aufgeführt werden kann. Diese Zahlen sind mit erforderlich, um bei späteren Güte-Urteilen riohtig entscheiden zu können. So wird z.B. eine erhebliche Streuung im Längen-Durchmesserverhältnis der Tatsache nicht mehr gerecht, daß ein praktisch einheitliches Korn vorliege. Bei richtiger Festlegung des Durchmessers, aber erheblicher Überschreitung der

Länge wird bereits die Kornzahl stark gesenkt. Dadurch sinkt der Bedeckungsgrad und somit die Geschwindigkeit der Strahlbearbeitung. Die spezifische Strahlzeit steigt bereits merklich an. Andererseits aber wird das Einzelkorn erheblich größer, so daß seine Betriebslebensdauer größer wird. Die objektive Beurteilung der Materialgüte ist bei stark abweichenden Kornzahlen allein dadurch schon in Frage gestellt. Die sich aus diesen Unterschieden ergebenden Probleme scheinen nach Ansicht des Berichters heute noch nicht zur Zufriedenheit geklärt, so daß bei der Normungsarbeit gerade auf diese Fragen besonders zu achten sein wird.

E. BICKEL definiert für diesen Aufgabenbereich noch eine mittlere Körnung für Granulate [26]. Sie kann sicher eine gute Hilfe sein, um unterschiedliche Siebverteilungen beschreiben zu helfen. Es wird vorgeschlagen, diesen Wert mit "Mittlerer Körnung" k_m zu bezeichnen.

$$k_m = \Sigma p \cdot w$$

Hierin bedeuten:

k_m = mittlere Körnungskennziffer in Hundertstel Millimeter für die scheinbare lichte Maschenweite

p = Prozentanteil jeder Siebfraktion

w = lichte Maschenweite des jeweiligen Siebes in [mm].

Für Schnittkornformen möchte der Berichter vorschlagen, analog Mittelwerte zu bilden. Zylindrisches Drahtkorn mit dem Durchmesser-Längenverhältnis von 1 wäre danach zu kennzeichnen:

$$k_m = 100 \cdot \sqrt[3]{\frac{4}{\pi \cdot z \cdot \gamma}}$$

Hierin bedeuten

k_m = mittlere Körnungs-Kennziffer in Hundertstel Millimeter (für den scheinbaren Drahtdurchmesser)

z = Kornzahl/Gramm

γ = spez. Gewicht des Drahtkorn-Materials.

Dieser Wert kann jedoch nur für den Anlieferungszustand gelten. Bei bereits gefahrenem Material muß die Ermittlung nach der Formel für Granulate erfolgen.

Die Körnungsnummer sollte für die mittlere Körnung am Kennbuchstaben der Kornform den Index "m" erhalten, z.B.

K 120 mit K_m 110, S 120 mit S_m 125, D 120 mit D_m 130.

(Kies Nr. 120 mit einer mittleren Korngröße von 1,10 mm,
Schrot Nr. 120 mit einer mittleren Korngröße von 1,25 mm,
Drahtkorn Nr. 120 mit einem Verhältnis D : L = 1 bei einem
mittlerem Wert für D von 1,30 mm.)

3.24 Zum Sieben von Strahlmitteln

Will man die Körnungsfestsetzung überwachen, so ist hierfür die Güte der durchzuführenden Siebung von ausschlaggebender Bedeutung. Aber auch für die Beurteilung des Verschleißvorganges sind Siebanalysen erforderlich, um die Körnungsverteilung nach einer bestimmten Versuchszeit zu ermitteln. Das Sieben ist somit ein ausschlaggebendes Verfahren in der Strahlmittel-Prüfung und -Überwachung.

Die Schwierigkeiten des Siebens sind allgemein bekannt. Sie sind besonders für die Strahlmittel in noch verstärktem Umfange für Kies gegeben. Somit ist gerade das Festlegen einheitlicher Siebmethoden für die Vergleichbarkeit der Untersuchungen von großer Bedeutung. Sie wird sich sicher soweit erstrecken müssen, daß neben der aufzugebenden Siebbelastung und der vorgesehenen Siebzeit auch das verwendete Siebsystem, also der Bewegungsvorgang des Siebes, einheitlich vorgeschrieben werden müssen.

Für die Durchführung der Siebung sollten einheitliche Prüfsiebe nach DIN 41 88 verwendet werden. Da DIN 11 71 zurückgezogen werden soll, so ist auch die Stufung der Körnung gem. DIN 41 88 vorzusehen, selbst wenn gewisse Umstellungen in den Anlagen der Hersteller sich dadurch ergeben müssen. Es würde damit endlich auch eine wissenschaftlich begründete Stufung, die der geometrischen Reihe, verwendet werden, so daß die bekannten Lücken der bisherigen Körnungen sich von selbst damit ausfüllen. Bedauerlich ist dabei, daß die Übereinstimmung mit den Vorschriften des SAE dadurch schwer zu halten sind. Jedoch sollte in unserem Bereich das metrische System mit aller Konsequenz durchgesetzt werden.

DIN 11 71 Blatt 2 gibt die Prüfungsvorschriften für die Siebe wieder. Es hat sich gezeigt, daß beim Sieben von Strahlmitteln schon in kürzester Zeit die Siebe ungenau werden. Es wird also erforderlich werden, ein Verfahren und Richtlinien zu erarbeiten, in welcher Weise die Siebe der Prüfeinrichtungen für Strahlmittel überwacht und kontrolliert werden. Die Siebe setzen sich leicht mit spitzen Körnern zu und sind nur mit Schwierigkeiten zu säubern. Somit werden alle erdenklichen Mittel angewendet, um die Maschen wieder frei zu bekommen. Üblich ist dabei das Ausbürsten mit einer Drahtbürste. Daß dabei die Maschenweite in Kürze beeinflußt wird, steht außer Zweifel. In Blatt 2, DIN 11 71 ist scheinbar nur das Prüfen neuer Gewebe vorgesehen. Gerade bei der Überwachung aber tritt eine weitere Schwierigkeit auf. Die Siebe werden durch den Gebrauch durchgebogen. Dabei ist es durchaus möglich, daß das Projizieren des Gewebes gem. Prüfvorschrift eine noch befriedigende Maschenweite ergibt, das Durchbiegen aber eine solche Abweichung bewirkt, daß die Ergebnisse nicht mehr vertretbar erscheinen. Es wird sehr darauf ankommen, diese Frage bei kommenden Normungs-Gesprächen besonders sorgfältig zu prüfen, denn sie geht in die Vergleichbarkeit der Siebung erheblich ein.

Über die Einflußgrößen beim Sieben selbst sind zusammenfassende Veröffentlichungen in ausreichendem Maße bekannt [32], so daß hier nicht darauf einzugehen ist.

Für die Beurteilung einer Anlieferung ist eine Probe zu entnehmen. Obwohl sicher allen Durchführenden bekannt ist, daß ohne richtige Probeentnahme eine Siebanalyse oder eine Beurteilung auch anderer Art unsinnig ist, so sind hier viele Fehler üblich. Das Entmischen in einem angelieferten Sack mit 50 kg ist bereits sehr groß, so daß bei der Prüfung auch nur eines Sackes bereits sehr sorgfältig eine mittlere Probe entnommen werden muß. Umso kritischer wird die Probeentnahme aus einer größeren Menge.

Soll mit der Probe dann eine Verschleißprüfung durchgeführt werden, so darf die eingesetzte Menge nicht zu klein gewählt werden.

Der Berichter hat in letzter Zeit vielfach als untere Grenze 600 g benutzt, glaubt aber, wenn es Anlieferung und zur Prüfung zur Verfügung gestellte Zeit zulassen, größere Mengen benutzt werden sollten. Die Grenze nach oben ergibt sich durch den steigenden Zeitaufwand, der weitgehend durch das Sieben verursacht wird. Die Grenze nach unten liegt dadurch fest, daß es nicht möglich sein soll, durch "Ausklauben von Hand" eine mustergültige Probe herzustellen. Dies ist bei geringen Mengen durchaus durchführbar. Daher ist es kaum möglich, eine Aussage über ein Strahlmittel zu machen, das in einer Menge vorliegt, die der Füllung einer Medikamentenrolle üblicher Größe kaum übersteigt.

Werden Siebungen nach Verschleiß-Prüfungen durchgeführt, so sollte stets die gesamte Prüfmenge gesiebt werden. Vorschläge, die sich bemühen, die Siebzeit zu verringern, sind wichtig, denn die Prüfung wird durch die Siebung unverhältnismäßig verlängert. Doch befriedigte bisher kein Vorschlag so, daß nicht lieber der erhöhte Zeitaufwand für die volle Siebung in Kauf genommen werden sollte.

Das Sieben sollte nur maschinell durchgeführt werden. Aber schon hier wird es nicht genügen, bei der festzulegenden Maschine sich auf die Grundtypen Plansieb oder Wurfsieb zu einigen. Es wird sich ergeben, Drehzahl, Abmessung und alle anderen konstruktiven Einzelheiten genau festzulegen. Praktisch käme dies auf einheitliche Siebmaschinen hinaus. Dies ist zur Zeit weitgehend dadurch gegeben, daß fast alle Prüfenden sich der gleichen Maschinenart eines Herstellers bedienen.

Der Berichter hat für seine Siebungen durch Reihenversuche ermittelt, daß bei Siebdurchmessern von 185 mm ∅ und 200 mm ∅ 200 Gramm als Probe einzusetzen sind. Als Dauer ergaben sich 10 Minuten aus den gleichen Versuchen (vgl. Abb. 30).

Bei einem Kontrollversuch mit dem Material aus einer Versuchsmenge ergab sich z.B. unter Benutzung der gleichen Prüfmaschinenart für die Verschleißuntersuchung jedoch bei zwei verschiedenen Prüfern und verschiedenen Siebeinrichtungen etwa der doppelte Lebensdauer-Kennwert. Es zeigte sich, daß entgegen der o.a. Methode dort mit 50 Gramm Siebbelastung und nur mit 3 Minuten Siebdauer gearbeitet worden war. Dieses Ergebnis deckt sich auch mit den grundsätzlichen Untersuchungen zu diesem Fragenkomplex von Dr. Ing. W. BATEL [33]. So zeigt Abbildung 31 den Einfluß der Siebbelastung und der Siebdauer und Abbildung 32 zur besseren Veranschaulichung das Steigen des Siebrückstandes bei zunehmender Siebbelastung, aber sonst gleicher Siebdauer. Hierbei waren 50 % der Körner größer als die Maschenweite des Siebs. Aus dem Diagramm geht hervor, daß die vom Berichter gewählte Menge als zweckmäßig anzusehen ist, da eine wesentliche Verbesserung des Siebvorganges bei kleineren Mengen kaum gegeben ist. Auch die Siebzeit von 10 min ist aus den Angaben des Diagramms als zweckmäßig zu ermitteln. Die Verlängerung z.B. auf die doppelte Zeit bringt in den Versuchen von BATEL nur eine Minderung des Rückstandes um 2,1 %, wie es aus Abbildung 30 hervorgeht.

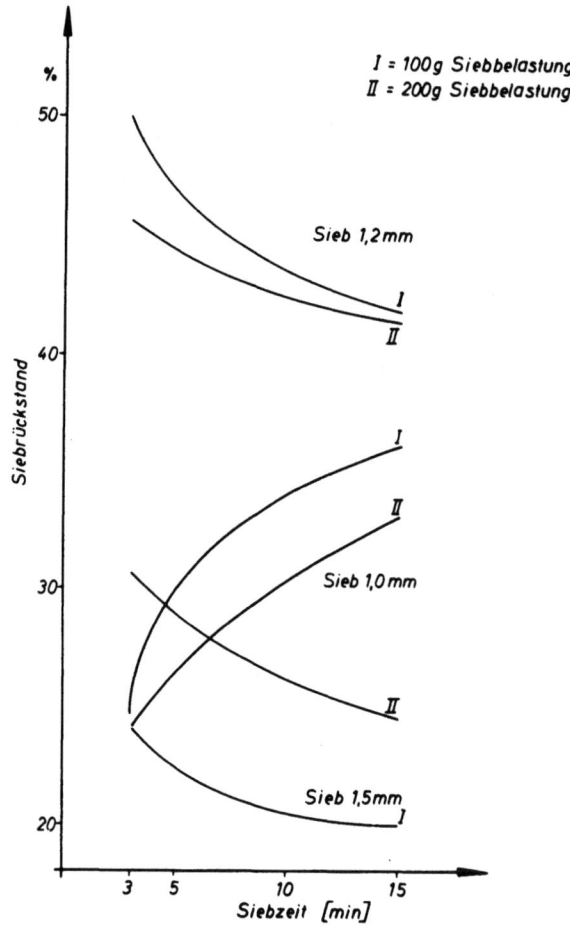

Abbildung 30
Siebrückstand bei unterschiedlicher Siebzeit und Siebbelastung
(Siebung von Hartgußschrot)

Zur Durchführung der Verschleißprüfung hält es der Berichter für richtig, nur Sollkorn zu fahren, um Verfälschungen des Ergebnisses durch Über- und Unterkorn zu verhindern, wie es auf Seite 65 besprochen worden ist. Sollkorn läßt sich in ausreichender Genauigkeit bei Granulaten durch Sieben erstellen. Jedoch ist es fraglich, wie es bei Schnittkornarten auszusortieren ist. Das Sieben führt hier nicht zum gewünschten Ergebnis. Einerseits ist nicht zu erwarten, daß die Drahtabmessungen der Normsiebstufung angepaßt werden. Somit wäre für die Drahtkornprüfung ein eigener Siebsatz zu entwickeln. Jedoch hat jedes Korn dieser Materialart eine bevorzugte Abmessung, den Durchmesser der Querschnittsfläche des Drahtes, der etwa der lichten Weite des Prüfsiebes dann entsprechen würde. Alle Körner dieses Materials würden, unabhängig von der Länge, somit als Siebfeines bei ausreichend langer Dauer der Siebung anliegen. Es ist also kein Trennen unterschiedlicher Abmessungen

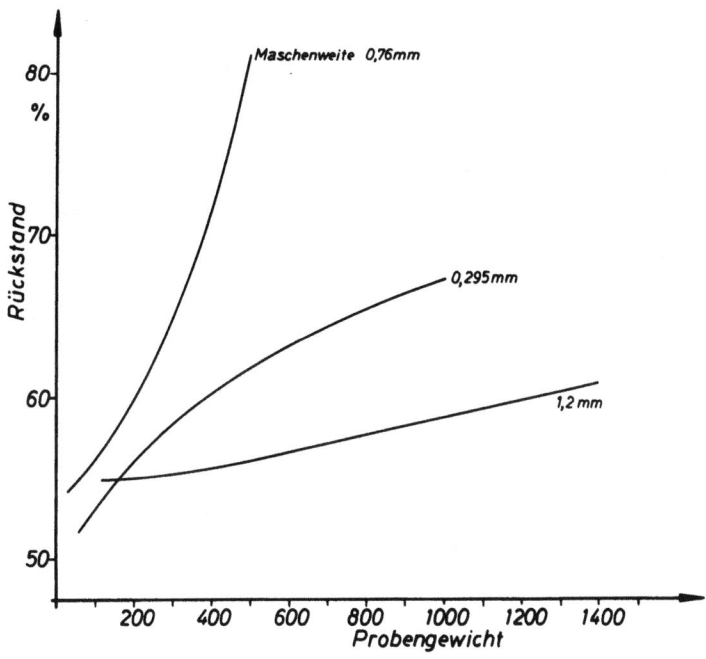

Abbildung 31

Siebrückstand in Abhängigkeit von der Siebbelastung
(nach Dr.-Ing. W. BATEL [33]) (Siebung von Quarzsand)

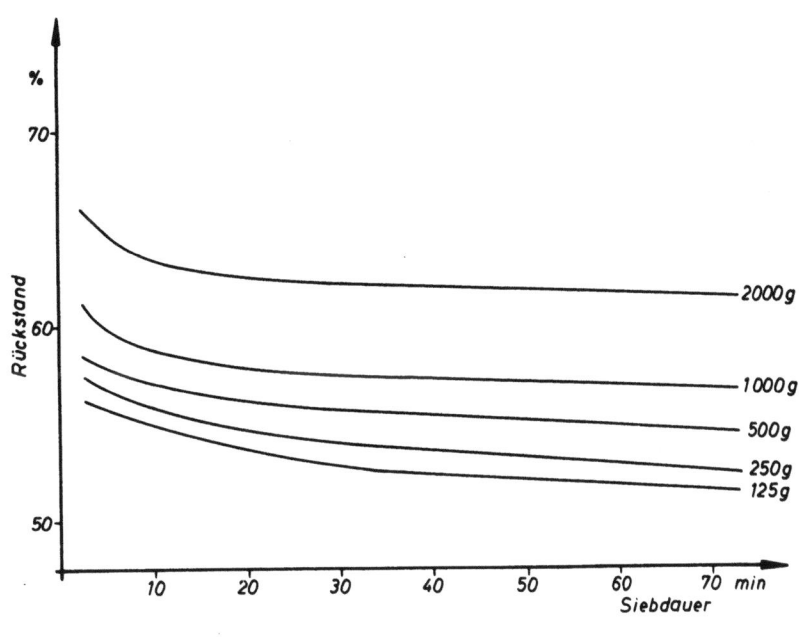

Abbildung 32

Siebrückstand in Abhängigkeit von der Siebdauer
(nach Dr.-Ing. W. BATEL [33]) (Siebung von Quarzsand)

so möglich, daß von einem Ausscheiden der nicht als Soll-Korn zu bezeichnenden Abmessungen zu sprechen ist. Dies veranschaulichen die Tabellen 9 und 10.

Tabelle 9

Messung eines Drahtkornes zum Vergleich mit der Siebung dieses Materials (vgl. Tab. 10)

Anzahl der Körner	Draht ⌀ [mm]	Länge d. Drahtes [mm]	L : D	Gewicht [mp]	Korn-gewicht [mp/Stck]	Anzahl d. Körner je Gramm [%]
3	1,2	1,2	1 : 1	30	10	100
9	1,2	1,3	1,083 : 1	95	10,6	95
29	1,2	1,4	1,167 : 1	327	11,3	89
24	1,2	1,5	1,250 : 1	283	11,8	85
30	1,2	1,6	1,333 : 1	365	12,2	82
5	1,2	1,7	1,417 : 1	66	13,3	75
100	d_m = 1,2	L_m = 1,485	$L_m : D_m$ = 1,237	G = 1166	G_m 11,66	86

Tabelle 10

Siebanalyse eines Drahtkorns (vgl. Tab. 9)

Sieb	1 [%]	2 [%]	3 [%]	4 [%]	5 [%]	6 [%]	7 [%]	8 [%]	9 [%]	10 [%]
1,2 mm	5,01	2,50	4,97	5,17	2,82	3,25	2,86	2,38	2,65	2,97
1,0 mm	95,04	97,50	94,44	94,52	97,01	96,62	97,06	97,52	97,27	96,95
0,75 mm	0,25	0,25	0,31	0,30	0,25	0,30	0,25	0,29	0,26	0,29
0,5 mm	0,05	0,03	0,06	0,05	0,07	0,05	0,06	0,05	0,05	0,05

In Tabelle 9 sind die Abmessungen des unbesiebten Materials wiedergegeben, wie sie durch meßmikroskopische Auswertung gefunden wurden. Tabelle 10 zeigt das Ergebnis von 10 Siebungen der gleichen Versuchsproben auf denselben Siebmaschinen und mit den gleichen Siebböden.

Für die Siebanalyse einer Verschleißprüfung wurde das Ergebnis 20 mal ermittelt, wobei also das Probematerial auch stets das gleiche war. Dabei wurde wiederum dieselbe Siebmaschine benutzt. Nur wurden diesmal zwei verschiedene Siebsätze verwendet. Die Ergebnisse sind in dem Diagramm Abbildung 33 veranschaulicht, diese Versuchsreihen von 10 Messungen je Siebsatz sind in Tabelle 11 vermerkt. Beide Siebsätze sind etwa gleich alt und wurden gleichmäßig beansprucht.

Tabelle 11

Siebanalyse eines gebrauchten Strahlmittels auf zwei verschiedenen Siebsätzen

Siebsatz	Vers. Nr. \ Siebgröße [mm]	1,2	1,0	0,75	0,5	0,3	Siebboden
I	1	43,6	22,3	18,2	10,8	3,7	
	2	48,4	16,9	19,4	10,4	3,6	
	3	45,7	20,0	18,9	10,6	3,6	
	4	46,5	20,0	18,0	10,3	3,7	
	5	41,6	25,4	17,4	10,6	3,7	
	6	46,5	20,9	16,7	10,8	3,8	
	7	46,3	19,5	18,4	11,5	3,6	
	8	47,5	17,7	18,2	11,6	3,6	
	9	43,8	23,1	17,9	10,3	3,7	
	10	46,4	21,1	15,9	11,6	3,6	
II	1	51,7	15,5	16,5	11,1	4,1	2,2
	2	51,7	15,15	17,77	10,43	3,97	1,24
	3	49,23	18,26	16,05	11,18	4,25	1,27
	4	48,97	18,53	15,85	11,38	4,23	1,27
	5	45,7	21,35	16,23	11,2	4,49	1,24
	6	50,03	17,54	16,46	10,72	4,26	1,23
	7	47,35	20,17	15,34	11,69	4,49	1,19
	8	51,13	16,40	16,05	11,21	4,22	1,23
	9	48,97	18,89	15,36	11,37	4,34	1,27
	10	47,35	10,17	14,84	12,19	4,49	1,20

Somit wird sichtbar, daß die Reproduzierbarkeit von Verschleißprüfungen und die Bestimmung der Streugrenzen bei der Körnungs-Kontrolle weitgehend eine Frage der Siebung sind.

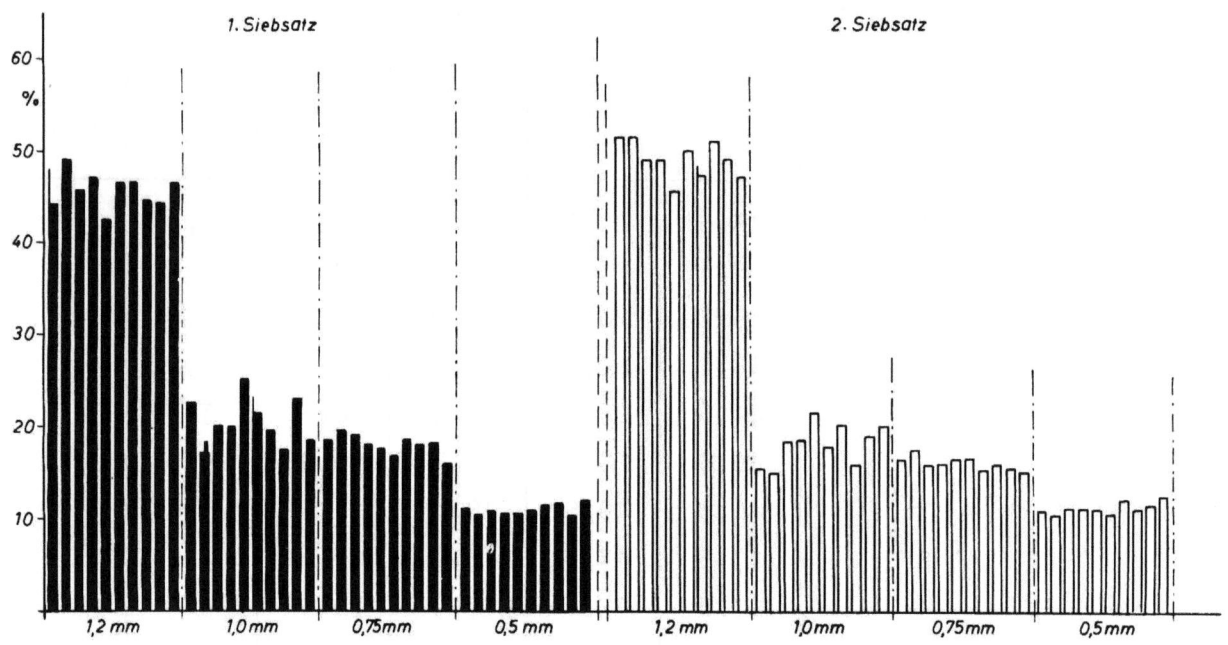

Abbildung 33
Siebung einer Strahlmittelprobe mit zwei gleichartigen
Siebsätzen auf derselben Siebmaschine

3.25 Zu Verunreinigungen, Kornform und Kornfehlern

Verunreinigungen von Eisenstrahlmitteln sind leicht durch Magnetscheidung auszusortieren. Schwieriger wird es bei Ne-Metallen und allen anderen Strahlmittel-Arten. Bisher jedoch ist dem Berichter nur an einer Stelle ein erheblicher Anteil an nichtmetallischen Verunreinigungen bei Stahlgußstrahlmitteln bekannt geworden. Bei mineralischen Strahlmitteln haben noch keine Untersuchungen über Verunreinigungen in größerem Umfange stattgefunden. Entweder wurden hier sehr saubere Materialien verwendet, z.B. Korund, Glas, oder die anfallende Sortierung mit all ihren Fehlern wurde betrieblich auf die Einsatzmöglichkeit untersucht, so daß nur die "Güte" der Anlieferung zur Diskussion stand, nicht aber eine bestimmte, durch Sortier- oder Herstellungsverfahren zu verbessernde Materialart. Somit soll dieses Problem hier nicht weiter erörtert werden. Ist die Güte einer Materialart zu beurteilen, so ist nur die Sollkornart ohne Verunreinigungen zur Prüfung heranzuziehen.

Fehler in oder an den einzelnen Körnern selbst sind z.B. Hohlkugelbildung, Risse und die Durchmesser- und Längen-Abweichungen bei Drahtkorn.

a) unterschiedliche Länge

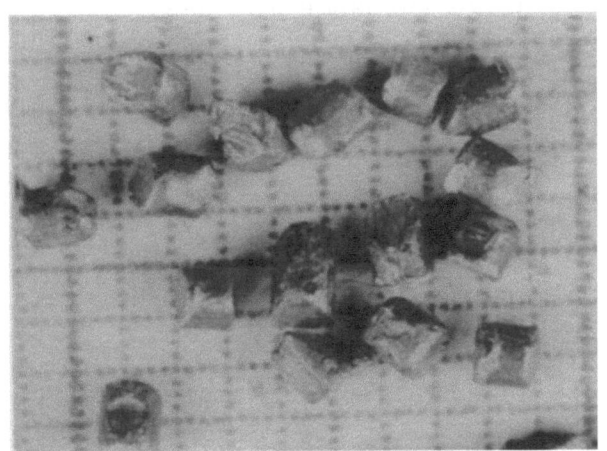

b) gequetschte und verbogene Körner

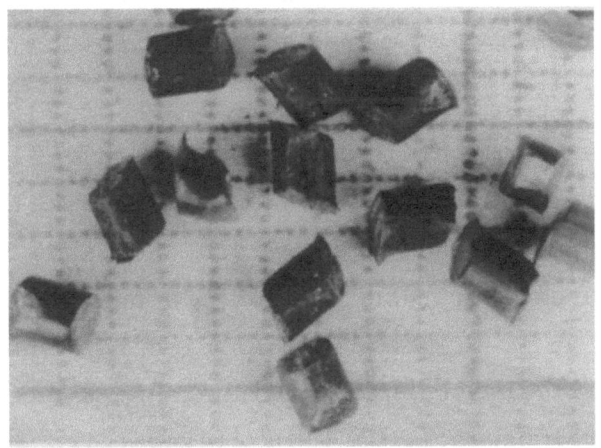

c) schräger Schnitt

A b b i l d u n g 34
Fehler bei Drahtkorn

Hier kommen dann noch Verbiegungen des Korns, Quetschungen an den Schnittflächen, Gratbildung und schräge Lage des Schnitts zur Drahtachse hinzu. Durch fotographische Übersichtsaufnahmen kann der Anteil und die Größe dieser Fehler augenscheinlich gemacht werden, wie es Abbildung 34 zeigt. Es wird sich immer empfehlen, eine beschreibende Darstellung der durch subjektive Betrachtung festgestellten Fehler zu geben. Bei Schrot und Kies wird durch Schliffe der Hohlkorn-Anteil zu ermitteln sein. Notfalls sind Prozentangaben der Fehlkörnungen festzulegen. Für Drahtkorn wurde bei der Körnungsfestsetzung (Abschnitt 3.23) bereits darauf hingewiesen, wie diese Abweichungen festgelegt werden sollten.

Von den angeführten Fehlkörnungen konnte in jedem Fall nachgewiesen werden, daß ihre Ausbildung die Wirkung und die Verschleißfestigkeit beeinträchtigt. Als einzige Ausnahme ist das Verbiegen von Drahtkorn zu nennen. Diese Eigenschaft tritt nicht in solcher Häufung auf, zudem stets in Koppelung mit den anderen angeführten Fehlern bei Drahtkorn, so daß ihr Einfluß nicht eleminiert werden konnte. Grat-Bildung und schräger Schnitt führen dazu, daß diese "Ecken" wesentlich schneller verschleißen oder abbrechen. Somit verringert sich das Korngewicht wesentlich schneller als normal. Maßüber- oder Unterschreitungen verändern das mittlere Kornvolumen. Somit beeinflussen sie die Betriebslebensdauer. Aber durch die Änderung der Kornzahl je Gewichtseinheit wird, wie bereits an anderer Stelle ausgeführt, der Bedeckungsgrad und damit die relative Strahlzeit beeinflußt. Schließlich muß als noch ungeklärt gelten, ob andere Kornabmessungen als $D : L = 1$ bei sonst gleichem Korngewicht nicht bessere Verschleißeigenschaften und bessere Wirkung ergeben. Tastversuche lassen vermuten, daß eine Änderung von Lebensdauer und Wirkung zu erwarten ist.

In gleicher Weise wirkt sich die Form von Verschleiß und Wirkung aus. Ein Kieskorn mit vielen scharfen Ecken wird mit Sicherheit hier sehr schnell abbrechen oder umgeschlagen werden. Kompakte Kornformen sind wesentlich standfester. Zur besseren Beschreibung von Kornformen ist in den Abbildungen 35 I - III eine Richtreihe für Schrot, Kies und Drahtkorn dargestellt. Diese Unterscheidung hat sich in der Prüfpraxis als gutes Hilfsmittel bewährt, um etwa gleichartige Körnungen schon allein durch ein visuelles Betrachten in gewissem Umfange abschätzen zu können.

Es hat sich gezeigt, daß Schrot nicht in allen Fällen länger lebt als Kies gleicher Korngröße. Besonders bei Hartgußkies konnte diese

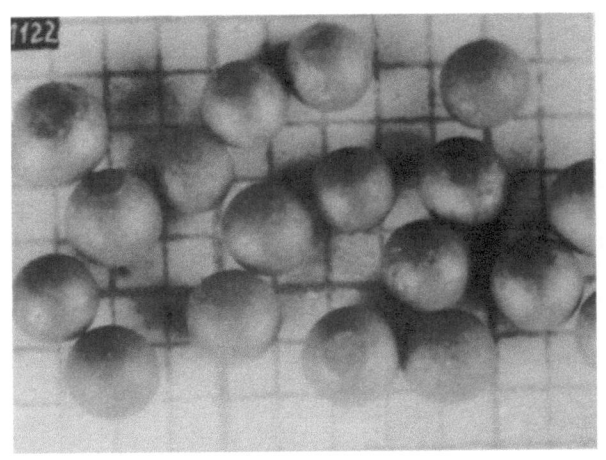

I a) Kugelig

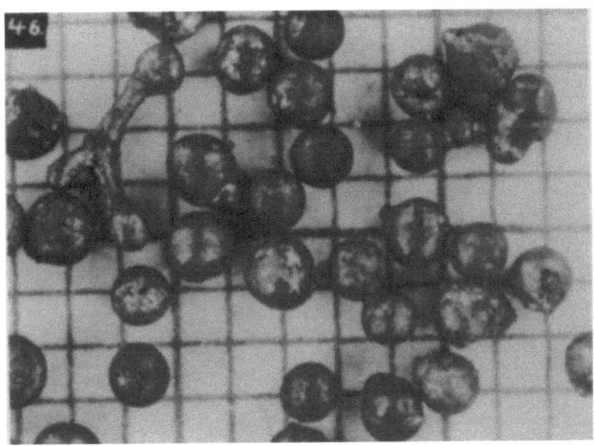

I b) mit Schwänzen und Hohlkugeln

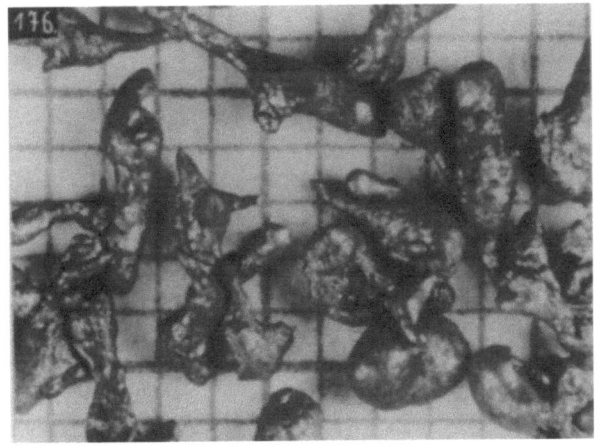

I c) spratzig

A b b i l d u n g 35
I Schrot

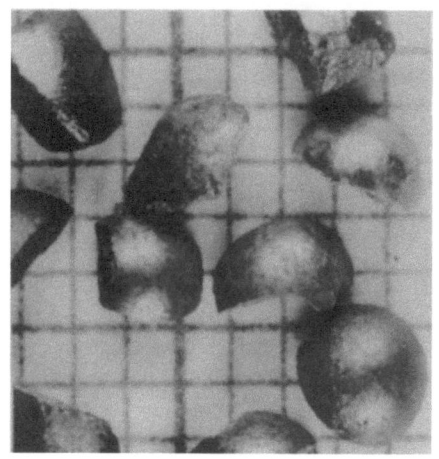 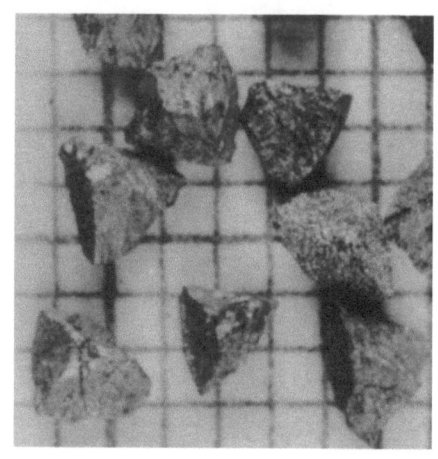

II a) Kugelbruch   II b) kantig-kompakt

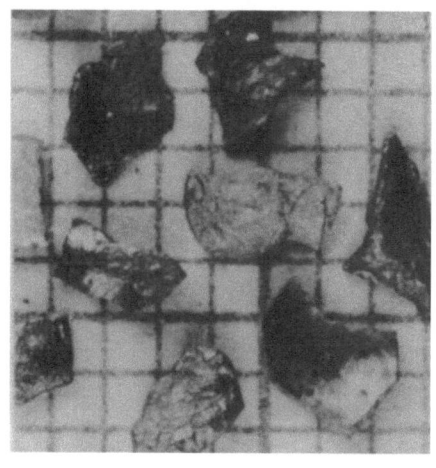 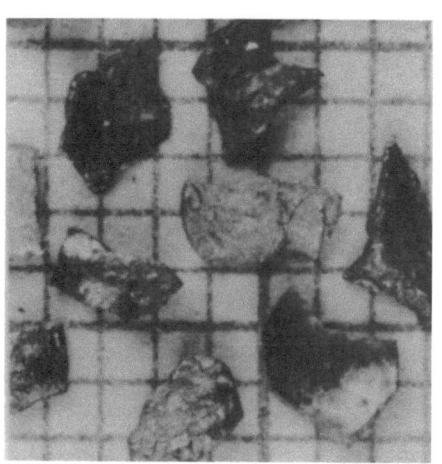

II c) kantig-scheibenförmig   II d) kantig-splittrig

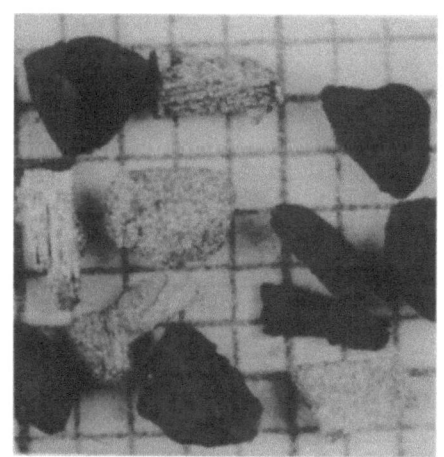 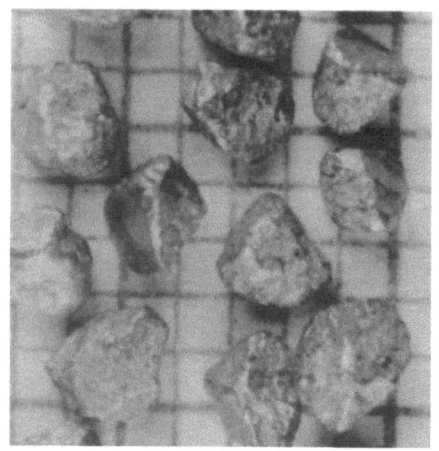

II e) gemischt   II f) eckengerundet (durch Strahlen)

A b b i l d u n g 35
II Kies

III a) neu

III b) eckengebrochen

c) eckengerundet

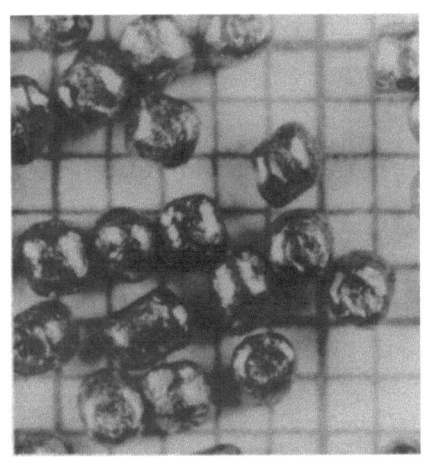

III d) arrondiert

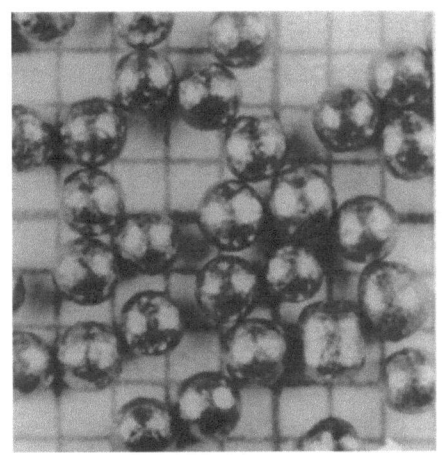

III e) kugelig

Abbildung 35
III Drahtkorn

Beobachtung gemacht werden. Ein sehr kompaktes Korn etwa nach Abbildung 35 II a und b hält in der Regel länger als ein Schrotkorn gleicher Abmessung. Dies ist gegebenenfalls folgendermaßen zu erklären: Das Schrotkorn weist auf Grund der Granulation als Kugel vorgezeichnete Spannungsebenen auf. Entlang dieser Flächen wird es schon nach kurzer Beanspruchung zum Bruch des Korns kommen. Das Restkorn kann nun als weitgehend spannungsfrei angesprochen werden. Dieses Zerbrechen des Korns unter den Betriebsbedingungen tritt aber etwa auch beim Brechen von Schrot zu Kies auf. Somit werden die Kieskörner in besonderen Fällen mit weniger Eigenspannung behaftet sein, als die gleichgroßen Schrotkörner.

Spratziges Schrot hat in allen dem Berichter bekannten Fällen immer eine sehr niedrige Lebensdauer besessen. Hier fallen meist zwei Ursachen zusammen. Die Schwänze, Nadeln u.ä. Abarten und Anwüchse besitzen engste Querschnitte, die leicht zum Abbrechen neigen. Somit ist hier ein Ansatzpunkt vorhanden, der schnell zu Kornzerkleinerungen führt. Andererseits aber treten spratzige Körner meist dann auf, wenn größere Sprödigkeit des Materials vorhanden ist. Sprödes Material aber hat größere Splitterneigung, so daß die Tendenz zur Kornzerkleinerung auch hierdurch gegeben ist.

Der Einfluß unterschiedlicher Kornformen bei Kies wurde im Bericht "Ersatz von Quarzsand als Strahlmittel" [2] ausführlich behandelt. Es kam dort bei den als Ersatz vorgesehenen mineralischen Strahlmittelarten vielfach darauf an, eine zweckmäßige Form des Kieses zu finden, um die Lebensdauer zu erhöhen. Zwei Grenz-Kornformen in negativer Hinsicht und gleichfalls zwei im positiven sind erkennbar. Die Körnungsunterteilung durch Sieben bewirkt, daß in einer Körnung gleicher Bezeichnung alle Kornformen vorkommen können, die in zwei Dimensionen etwa der lichten Maschenweite des Siebes entsprechen. Die dritte Dimension kann also wesentlich von der lichten Maschenweite abweichen. Dann sind die beiden ungünstigen Kornformen vorhanden. Ist die dritte Dimension aber gleichfalls etwa so groß wie die lichte Maschenweite, so sind die günstigsten Kornformen gegeben.

Nadeln, also Körner mit übergroßer Länge, haben überhöhtes Gewicht, mindern die Kornzahl und führen beim Druckluftstrahlen und bei jedem sonstigen Düsendurchtritt leicht zu Störungen. Wenn sie in der Länge durchbrechen, was leicht geschieht, so tritt dadurch keine nennenswerte Verschlechterung der Strahlwirkung ein, da dann meist kompaktere Körner entstehen. Jedoch ist sehr splittriger Kies allgemein sehr stark dem Verschleiß unterworfen. Splittriger Kies entsteht bei Granulaten in der Regel, wenn ein spröder Werkstoff vorliegt. Scheinbar aber werden diese Kornformen auch dann erzeugt, wenn übergroße Körner aus der Granulation auf eine verkaufsfähige Körnung zu brechen sind. Dann ist die Einwirkung der Brechkraft scheinbar so groß, daß dies beim Kies sich nachher in der Kornform bemerkbar macht.

Scheibenförmiges Korn ist wohl am ungünstigsten. Seine Masse ist gering, damit die kinetische Energie, so daß die Wirkung wesentlich sinkt. Wenn es bricht, dann entstehen sehr kleine Teilchen. Somit ist die Lebensdauer dieser Kornart sehr niedrig.

Bei kompakten Körnern fand man bereits bei der Untersuchung von Hochofenschlacke für Straßensplitt [34], daß die Druckfestigkeit wesentlich größer ist. Es wird dort empfohlen, den Brechvorgang so zu steuern, daß möglichst Würfel entstehen. Eine weitere Form, die auch in allen Dimensionen etwa gleiche Abmessungen besitzt, ist Kugelbruch-Kies. Diese Form entspricht etwa dem "Gleichdick". Die Masse dieser beiden Formen ist groß. Wenn sie brechen, entstehen Körner, die nur unwesentlich unter dem Ausgangssiebbereich liegen. Es dauert also viel länger, bis ein solches Korn so klein geworden ist, daß es durch die Absaugung ausgeschieden wird. Die Wirkung dieser Körner beruht auf ihrer größeren kinetischen Energie. Etwas gemindert wird dies durch die verringerte Kornzahl und damit der kleineren Bedeckungsgrade. Hinzu kommt, daß diese Kornformen sicher geringere Eigenspannungen besitzen und somit geringere Splitterneigung besitzen. Somit ist die Lebensdauer noch höher als es allein durch die Vergrößerung der Masse sich ergibt.

Für Drahtkornformen wurden die dem Berichter bekannten Gesichtspunkte bereits bei den Fehlern und unter Abschnitt 3.23 dargelegt. Die Wirkung bei Drahtkorn wird darüber hinaus aber stark von der Form des Betriebskorns hervorgerufen. Der Arrondierungsgrad kann bei sonst gleicher Masse sicher als Richtmaß für die Beurteilung der Wirkung gelten. Außerdem aber zeigt der Arrondierungsgrad, wie stark oder wie lange das einzelne Korn bereits betrieblich beansprucht und somit kaltverformt ist. Die Lebensdauer aber hängt weitgehend mit der erlittenen Kaltverformung zusammen.

Es zeigt sich also, daß entgegen anderer Ansicht die Kornform für die Lebensdauer und für die Wirkung von einer solchen Bedeutung ist, daß sie eingehend beachtet werden muß. Durch Änderung der Kornform lassen sich also Lebensdauer und Wirkung eines Strahlmittels erheblich beeinflussen.

In jüngster Zeit ist F. HOFMANN, Schaffhausen, mit einer Prüfmethodik an die Öffentlichkeit getreten [35]. Mit Hilfe des in Abbildung 36 gezeigten Oberflächen-Meßgeräts läßt sich der Eckigkeits-Koeffizient bestimmen. F. HOFMANN wendet die Methode für die Beschreibung von Formsanden für die Gießerei an. Dort ist das technologische Verhalten des Formsandes weitgehend durch Korngröße, Kornform und Kornverteilung bestimmt. Für Strahlmittel wurde der gleiche Zusammenhang bereits herausgestellt. Es wurde außerdem gezeigt, daß die Form der Körner auf die Lebensdauer recht maßgeblich einwirkt.

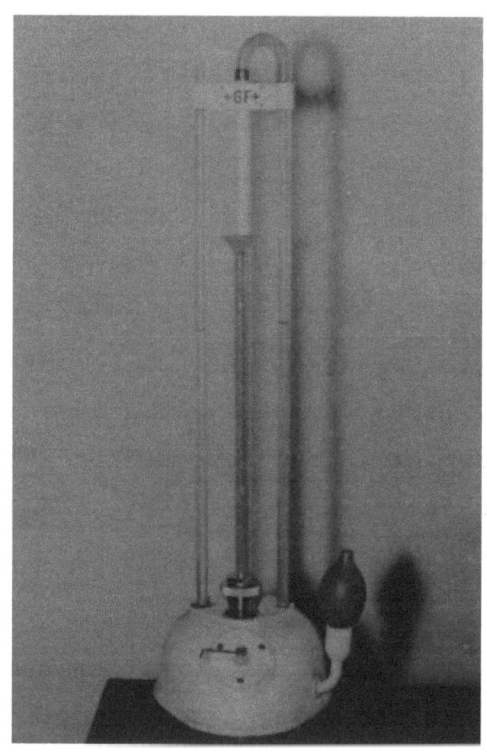

A b b i l d u n g 36
Oberflächenmeßgerät nach Georg Fischer, Schaffhausen

Als Eckigkeits-Koeffizient wird das Verhältnis der wirklich spezifischen Oberfläche zur theoretisch spezifischen Oberfläche definiert. Dieses Verfahren wurde erstmalig von R.H.S. ROBERTSON und B.S. EDÖMI [36] (vgl. Original-Ausführungen [35]) angewendet. Da die angezogene Arbeit [35] gerade bei Erstellung dieses Berichtes erschien, so kann nur auf diese Möglichkeit der Kornbeschreibung und Klassifizierung hingewiesen werden. Der Berichter hat es sich zur Aufgabe gemacht, die

Aussagemöglichkeiten dieser Methode für die Beurteilung von Strahlmitteln im Anschluß an die durchgeführten Untersuchungen zu ermitteln. Später wird darüber berichtet werden.

3.26 Zur Bestimmung physikalischer Kennwerte

Von den Kennwerten, die in diesem Bereich bestimmt werden können, haben sich Kornzahl und Schüttgewicht bereits als für die Praxis bedeutsam herausgestellt.

Der Berichter hatte durch Versuche ermittelt, daß es nicht möglich ist, allein aus der Abtragwirkung einer Strahlmittelart auf die Zeitdauer zu schließen, die zum Reinigen einer Oberfläche, z.B. beim Putzen von Gußstücken, erforderlich ist. Daher bestimmte er die Zeit, die mit einem bestimmten Strahlmittel nötig ist, um die Oberfläche zu säubern. Als "sauber" wurde dabei festgelegt, daß beim Betrachten mit einer Lupe jedes Oberflächenteilchen durch ein Strahlmittelkorn getroffen sein muß und keine Verunreinigungen mehr sichtbar sind. Diese Zeitdauer wurde dann in den VDG-Merkblättern (vgl. Anlage) als "spezifische Strahlzeit" definiert und mit dieser Kennwert-Festsetzung auch auf andere Strahlaufgaben ausgedehnt. Der dabei ermittelte Zusammenhang zwischen Korngröße und Strahlzeit ist in Abbildung 37 [2] in seiner Grundtendenz dargestellt. Daraus ergibt sich, daß für eine mittlere Körnung sich ein Minimum der Strahlzeit einstellt. Dies ist dadurch zu erklären, daß die

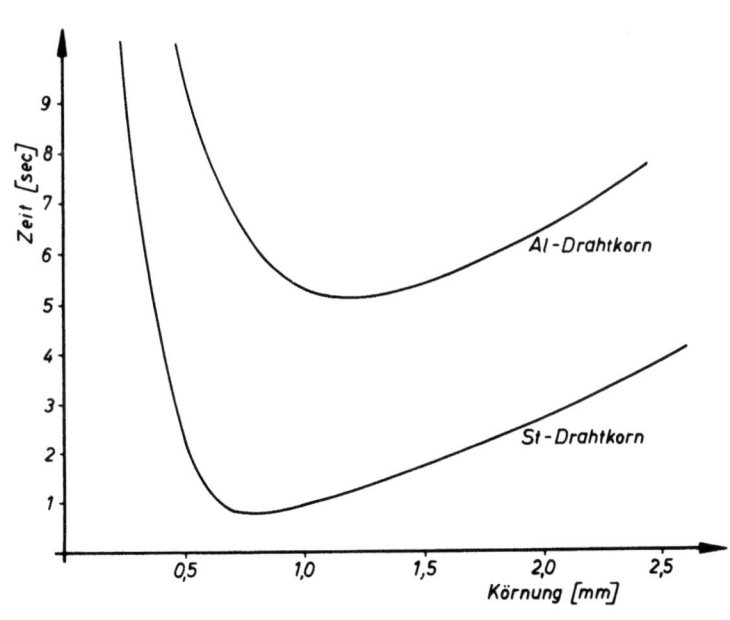

Abbildung 37

Spezifische Strahlzeit verschiedener Strahlmittelkörnungen

kinetische Energie des Einzelkorns mit dem Quadrat des Durchmessers steigt, die Kornzahl aber mit der dritten Potenz sinkt. Hinzu kommt eine hierzu parallel laufende Tendenz, daß mit kleinerer Körnung die relative Strahlmitteldurchsatzmenge steigt.

Der Verbrauch eines Strahlmittels ist etwa der Betriebszeit der Strahleinrichtung proportional, wenn die Maschine auf Beharrung läuft. Dabei wird eine gröbere Körnung einen geringeren Verbrauch je Zeiteinheit ergeben als eine feinere der gleichen Materialgüte. Somit sind die Verbrauchs-Charakteristiken Geraden unterschiedlicher Steigung, wie es Abbildung 38 zeigt. Sinkt nun gemäß Abbildung 37 die erforderliche Zeit, um die gleiche Menge Gut zu strahlen, z.B. von Zeit "a" auf Zeit "b" in Diagramm 38, so kann, wie dort eingezeichnet, der Fall eintreten, daß nun im Fall "b" der Verbrauch je Tonne bestrahlten Gutes geringer als im Fall "a" ist. Für die Wirtschaftlichkeit kommt zusätzlich hinzu, daß die Chargenzeit verringert ist, so daß die anteiligen Lohn- und Abschreibungskosten je Tonne Gut gleichfalls niedriger werden. Diese Frage stand vor etwa 3 Jahren ständig an. Die hier aufgezeigte Erkenntnis war die Möglichkeit, wesentliche Erfolge beim Einsatz der Strahlverfahrenstechnik zu erarbeiten. Strahlzeit-Minderungen bis auf 50 % wurden dabei beobachtet. Unberücksichtigt bleibt bei dieser Überlegung die Tatsache, daß eine wesentlich feinere Oberfläche sich außerdem noch ergibt. Somit ist die Kornzahl in einem Körnungsgemisch sicher von großer Bedeutung.

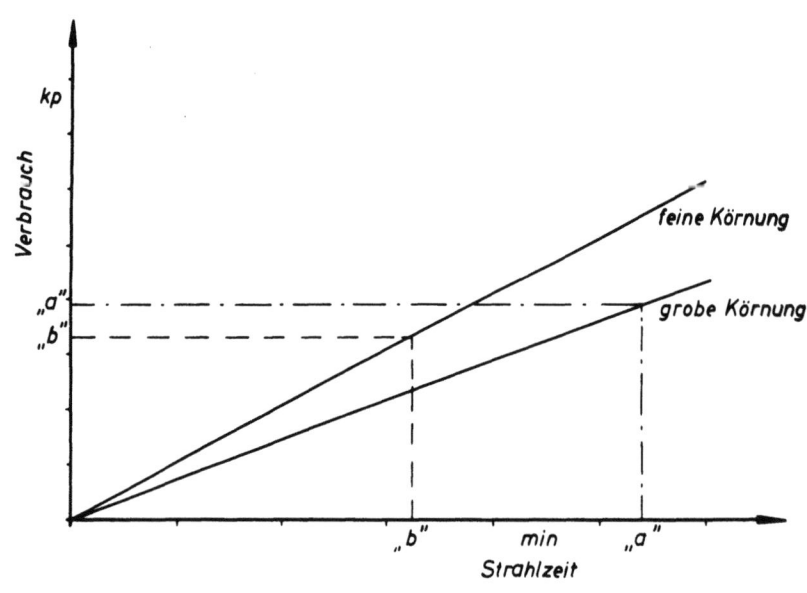

A b b i l d u n g 38
Strahlmittelverbrauch einer Strahlanlage

Darüber hinaus hatte sich bei Drahtkorn gezeigt, daß die Kornabmessungen bei gleicher Nennbezeichnung stark schwanken. Werden 10 % Maßabweichungen für Länge und Durchmesser zugelassen, wie es zu diskutieren versucht wurde, so verhalten sich die Kornzahlen für die Extremwerte etwa wie 1 : 2. Die "mittleren Körnungsziffern" stehen dann im Verhältnis 10 : 8. Da aber diese Abweichungen der Körner nicht durch Sieben feststellbar ist, bereitet das Herstellen von Sollkorn Schwierigkeiten und somit auch das Festlegen der Lebensdauer-Kennwerte. So muß also praktisch "Ist-Korn" (Strahlmittel im Anlieferungszustand) für die Lebensdauerprüfung verwendet werden. Um zu einer Beurteilung des Verschleißzustandes des Ausgangskorns zu kommen, wird gegebenenfalls die Minderung des mittleren Kornvolumens als Maß für die Lebensdauerkennziffern gewählt werden müssen. Somit wird dann auch hier die Bestimmung der Kornzahl je Gramm wertvoll sein.

Die Ermittlung der Kornzahl ist bei neuem Drahtkorn durch Auszählen möglich. Sie aus den gemessenen Werten für Durchmesser und Länge gemäß Tabelle 8 und 9 durch Rechnung zu bestimmen, wird nicht empfohlen. Es ist schwer möglich, die Längen ausreichend genau zu messen, da durch Quetschungen und Gratbildung die mittlere Abmessung kaum genauer als auf 0,1 mm festzulegen ist, wenn Mikroskope mit etwa 20facher Vergrößerung benutzt werden. Bei der Rechnung wäre für zylindrisches Drahtkorn und einem Durchmesser-Längenverhältnis von 1

$$Z = \frac{10^9 \cdot 4}{\pi \cdot \gamma \cdot k_m^3} = \frac{4 \cdot 1000}{\pi \cdot \gamma} \cdot \frac{\Sigma a}{\Sigma d_x^2 \cdot L_m \cdot a_x} \; .$$

Darin bedeuten:

a = Summe der ausgemessenen Körner

d_x = die jeweiligen Durchmesser der verschiedenen Drahtstärken der untersuchten Lieferung [mm]

L_m = ermittelte mittlere Länge für eine Kornart mit gleichem Durchmesser [mm]

a_x = Anzahl der Körner des gleichen Durchmessers

k_m = mittlere Körnungs-Kennziffer (vgl. S. 73)

Für die Lieferung gemäß Tabelle 9 ergaben sich

durch Auszählen z_a = 86 Körner/Gramm
durch Rechnung z_R = 79,3 Körner/Gramm

Für die Granulate ist gleichfalls nötig, die Kornzahl durch Auszählen zu ermitteln. Dabei ist es erforderlich, unterhalb einer festzulegenden Grenze die entsprechenden Kornfraktionen nicht mehr mit zu berücksichtigen. Jedoch wird dadurch die mittlere Korngröße wesentlich beeinflußt, wenn der auszuschließende Anteil an Feinkorn groß wird. Diese Schwierigkeit wird besonders zu berücksichtigen sein, wenn ein Verschleißkennwert auf der Minderung des mittleren Kornvolumens aufgebaut werden muß. Bei Strahlmitteln, die vornehmlich und über langen Zeitraum nur Oberflächenverschleiß aufweisen, ohne zu zerbrechen, ist diese Sorge nicht in gleichem Umfange gegeben, da nur geringere Anteile sehr kleiner Körnungen auftreten, wie dies die Gegenüberstellung von drei Verschleiß-Prüfungen zeigt. In allen Fällen handelt es sich um die Siebanalyse, bei der der Restkorn-Anteil auf dem Prüfsieb etwa 70 % beträgt (vgl. Tab. 12).

T a b e l l e 12

Siebanalyse von GH- und GS-Schrot und St-Drahtkorn
bei Oberflächenverschleiß

Restkornanteil bei $L_{th-s-70}$

Material	Siebgröße [mm] Prüfmaschine	1,2 [%]	1,0 [%]	0,75 [%]	0,5 [%]	0,3 [%]	Staub [%]
Hartguß-schrot	Druckluft	70	9,1	4,2	1,9	0,7	14,1
Stahlguß-schrot	V + S	70	15,0	0,2	3,5	2,8	8,5
Stahl-Drahtkorn	+GF+	70	14,5	7,5	1,3	0,2	6,5

Der zweite Wert, der bei den physikalischen Kennwerten bereits eine enge Beziehung zur Strahlpraxis erkennen läßt, ist das Schüttgewicht. Noch heute wird die "Leistung" einer Strahleinrichtung, vornehmlich jedoch eines Schleuderrades, dadurch gekennzeichnet, daß die Durchsatzmenge je Zeiteinheit angegeben wird. Dieser Wert ist jedoch ungenau, wenn nicht sogar unkorrekt. Bei diesem Verfahren werden z.B. Schleuderräder verglichen, die wesentlich unterschiedliche Breite besitzen. Somit wird der Bedeckungsgrad durch diese Methode nicht mit erfaßt, der aber, wie gezeigt wurde, für die Strahlwirkung von großer Bedeutung ist. Wird die Durchsatzmenge zu groß, so behindern sich die einzelnen

Strahlmittelkörner. Der Verbrauch an Strahlmittel für die gleiche Aufgabe steigt und die Verbesserung der Strahlwirkung steigt nicht proportional zur durchgesetzten Menge. Somit sinkt die Wirkung bezogen auf die einheitliche Durchsatzmenge. Daher ist es erst einmal nötig, den Durchsatz auf den Zentimeter der Schaufelbreite zu beziehen. Vorerst soll davon abgesehen werden, die Länge des erzeugten Strahlbildes für einen festgesetzten Abstand mit zu benennen, denn dadurch wäre jetzt etwa ein Maß gefunden, um die mittlere Kornzahl je 2 bestrahlter Einheitsflächen zu umreißen. Bisher ist noch keine Festlegung getroffen, (vgl. hierzu Anlage VDG-Merkblatt) wie der Bedeckungsgrad zu bestimmen oder zu kennzeichnen ist.

Die für diesen Aufgabenteil durchgeführten Versuche zeigten aber, daß die Durchsatzmenge von der Kornform, der Korngröße, dem Fließvermögen und dem Schüttgewicht der verwendeten Strahlmittelart abhängt. In das Fließvermögen und Schüttgewicht gehen Kornform und Korngröße ein, so daß damit in gewisser Hinsicht die Bedeutung auch der Kornform mit unterstrichen wird. Um die hier auftretenden Fragen voll zu behandeln, sei darauf verwiesen, daß durch eine andere Strahlmittelart eine andere Strahllage und ein anderes Strahlflächenbild sich ergibt. Hier zeigen die Abbildungen 39 und 40 entsprechende Beispiele.

Das Schüttgewicht ist eine Funktion des spezifischen Gewichtes, der Kornform, der Korngröße und der Kornmischung. Bis auf das spezifische Gewicht ändern sich alle Größen durch den Gebrauch der Strahlmittel. Die Änderung des spezifischen Gewichtes ist gegeben, wenn Strahlmittelarten aus anderen Werkstoffen verwendet werden. Um eine etwa mögliche Aussage über die Auswirkung verschiedener Schüttgewichte zu erhalten, sollten nun die anderen Faktoren, die das Schüttgewicht beeinflussen, konstant gehalten werden. Bei Kies ist dabei ein Vergleich sehr schwierig, denn die verschiedenen mineralischen Strahlmittel, die zum Vergleich heranzuziehen wären, weisen sehr erhebliche Unterschiede in der Kornform und der Oberflächen-Ausbildung auf, so daß die Aussage nicht allein vom spezifischen Gewicht beeinflußt ist. Für Schrot mit ausreichend guter und damit gleichartiger Kornform und für Drahtkorn bei gleicher Korngröße ist ein solcher Vergleich möglich. Jedoch ist hierbei darauf hinzuweisen, daß nur wenige Drahtkorn-Arten bekannt sind. Im Betrieb macht sich besonders die Änderung der relativen Durchsatzmenge bemerkbar.

Der Einfluß der Kornform und der Körnung auf die relative Durchsatzmenge ist in Abbildung 41 veranschaulicht. Hierbei wurden jeweils nur

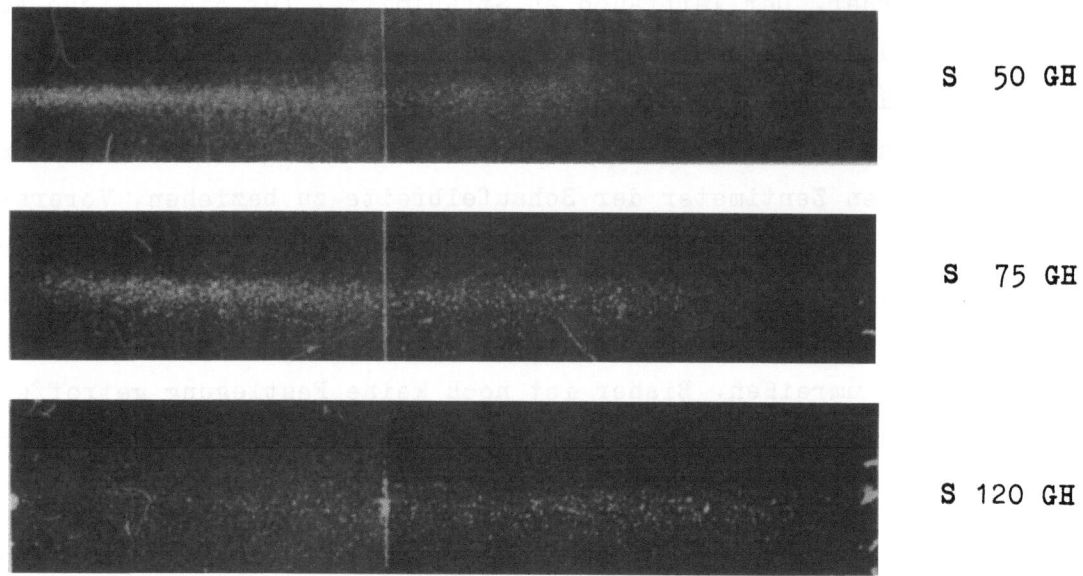

A b b i l d u n g 39
Strahlflächenbilder beim Strahlen mit gleicher Kornform, aber
unterschiedlicher Körnung

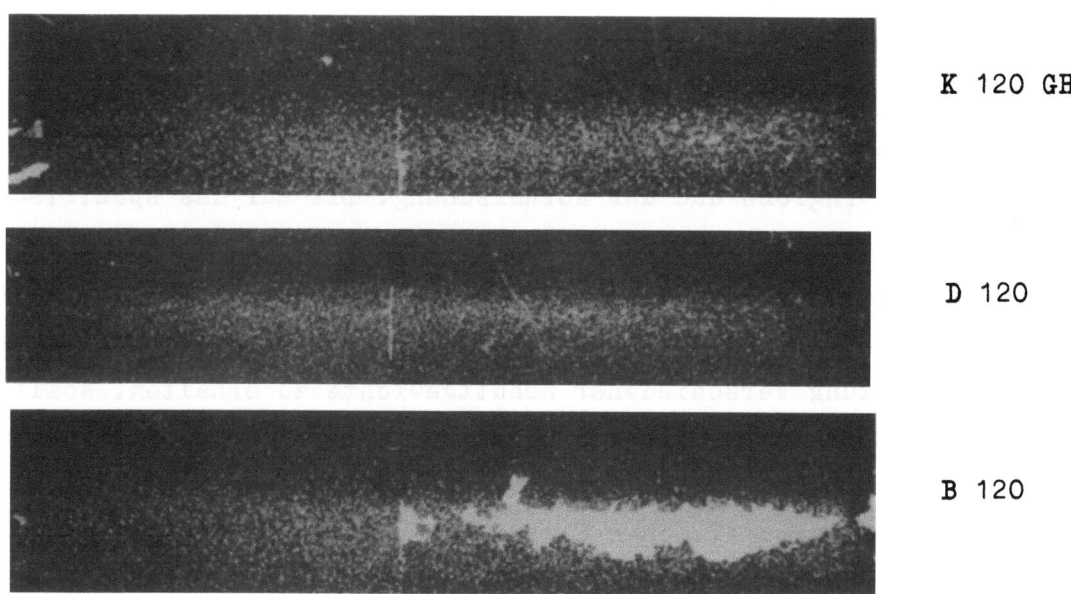

A b b i l d u n g 40
Strahlflächenbilder beim Strahlen mit gleicher Körnung, aber
unterschiedlicher Kornform

die Werte für Neukorn angeführt. Bei den zerbrechenden Sorten ändert sich die Form schnell, so daß die Aussage somit verfälscht würde. Die Werte für Schrot sind nur bis zur Körnung 0,75 bis 1,00 mm eingetragen, da sie bei den kleineren Werten nicht die gleiche Tendenz aufweisen,

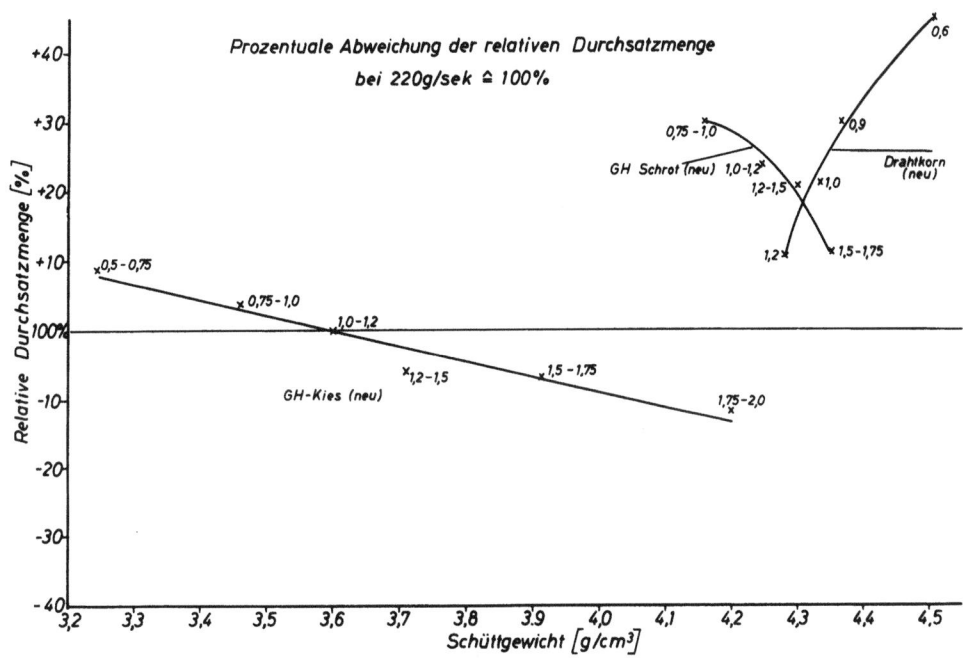

Abbildung 41
Relative Durchsatzmenge in Abhängigkeit von Kornform,
Körnung und Schüttgewicht

was auf Fehlmessungen zurückgeführt wird. In Abbildung 42 wird für die gleiche Messung die relative Durchsatzzeit als Veränderliche gewählt. Bei der relativen Durchsatzmenge wird die Menge gemessen, die in der Zeiteinheit das Schleuderrad verläßt. Die relative Durchsatzzeit ist dagegen die Zeit, die erforderlich ist, um die gleiche Menge an Strahlmittel durchzusetzen. Schließlich wird in Abbildung 43 das relative Durchsatzvolumen als abhängige Veränderliche gewählt. Der letzten Darstellung lag die Vermutung zugrunde, daß das Durchsatzvolumen etwa konstant ist, wenn die Gleit- und Reibungsverhältnisse des Strahlmittels die gleichen sind.

Aus den Darstellungen der Abbildungen 41 bis 43 ist abzuleiten, daß die Änderung der Korngröße einen Einfluß auf die Wirkung des Strahlmittels besitzen muß. Der Bedeckungsgrad wird nicht allein durch die Änderung der Kornzahl je Gramm, sondern auch durch die relative Durchsatzmenge verändert. Dies ist am besten dadurch zu veranschaulichen, daß die Änderung des Schüttgewichts eines Strahlmittels während seiner Betriebszeit dargestellt wird, wie es in Abbildung 44 zu sehen ist. (Es wird während der Versuchsdauer kein Neukorn zugegeben.)

Sollen danach in einer Betriebsmaschine konstante Strahlverhältnisse erzielt werden, so ist die Körnung in ihrer Zusammensetzung konstant zu

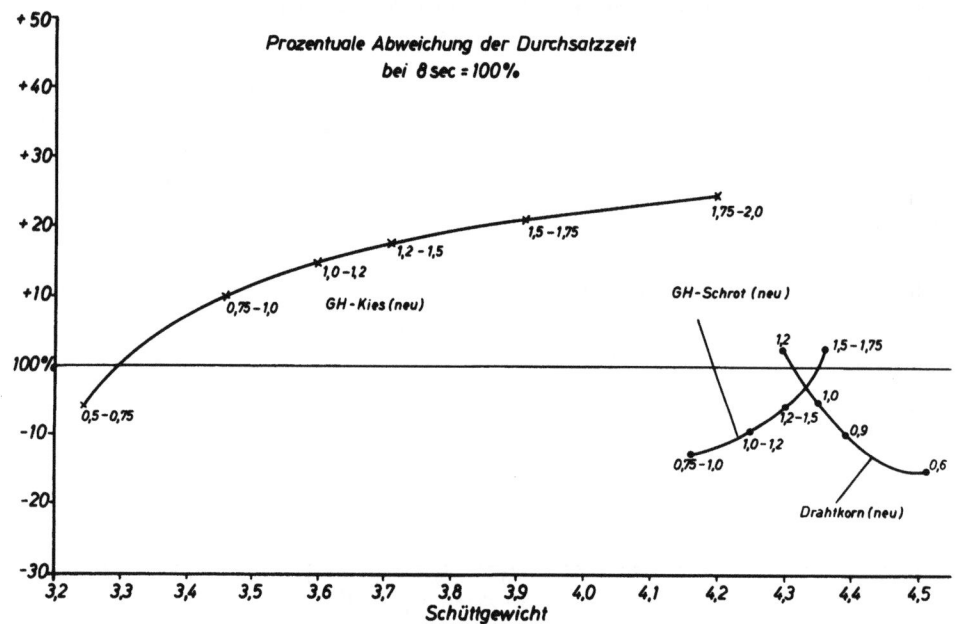

Abbildung 42

Relative Durchsatzzeit in Abhängigkeit von Kornform, Körnung und Schüttgewicht

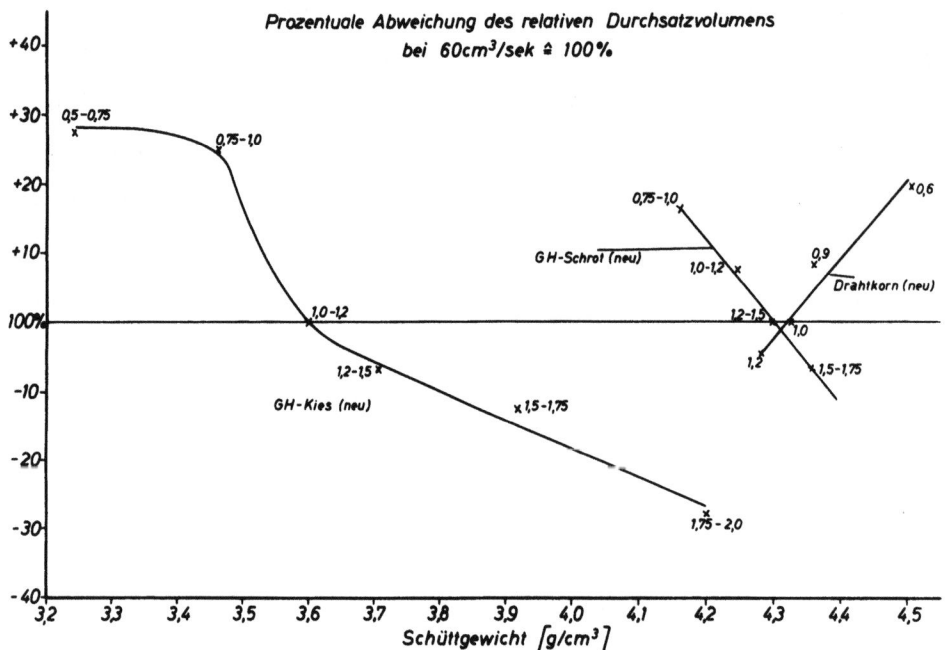

Abbildung 43

Relatives Durchsatzvolumen in Abhängigkeit von Kornform, Körnung und Schüttgewicht

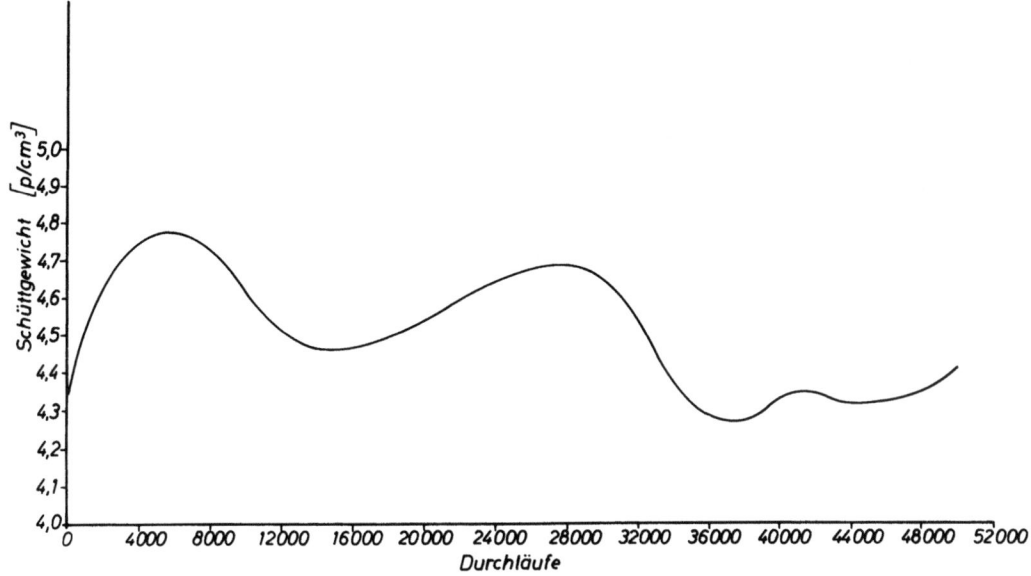

Abbildung 44
Schüttgewichtsänderung während des Strahlens

halten. Dies erfordert, daß im Rhythmus des Verbrauchs laufend stets neues Strahlmittel zuzusetzen ist. Diese Forderung war bereits früher aus einer anderen Versuchserkenntnis abgeleitet worden. Bei stoßweisem Zusatz neuen Strahlmittels wird in die Kette des umlaufenden Strahlmittels ein neues, gröberes Stück "eingeflickt". Dies hat auf Grund seiner anderen Körnung so abweichende Wirkung, daß die Einheitlichkeit des Strahlvorganges beeinträchtigt wird. Langsam findet diese Erkenntnis Eingang bei allen Herstellern, die zunehmend entsprechende Zuteil-Einrichtungen an den Maschinen vorsehen.

Schließlich ist aus den aufgezeigten Zusammenhängen noch eine weitere Folgerung für die Beurteilung unterschiedlicher Körnungen zu ziehen. Diese wird bei der Verschleißprüfung mit zu berücksichtigen sein. Ziel einer Labor-Verschleißprüfung ist es, im Endeffekt Aussagen über den Verbrauch in einer Betriebsmaschine machen zu können. In der Regel aber wird in diesen Maschinen ein Durchlauf des Strahlmittels als Beobachtungs-Einheit gewählt. Betrieblich aber ist nur die Laufzeit der Maschine zu ermitteln. Der Umlauf eines Einzelkorns läßt sich praktisch nicht verfolgen. Es ist also bei den Gegebenheiten durchaus möglich, daß ein Material mit höherer Durchlaufzahl bis zum völligen Verschleiß in der Zeiteinheit, z.B. in der Stunde, einen größeren Verbrauch ausweist als ein Material mit geringerer Durchlaufzahl, bis es seinerseits völlig verschlissen ist. Der relative Verbrauch an Strahlmittel <u>je Zeiteinheit ist um so niedriger</u>, je kleiner der Quotient relativer

Strahlmittel-Durchsatzmenge und Betriebslebensdauer-Kennzahl (vgl. Abschnitt 4) ist.

$$s_{rel} = c \frac{R}{L_{x-a}}$$

R = relativer Strahlmitteldurchsatz (kp/min)

L_{x-a} = Betriebs-Lebensdauer (Durchläufe)

s_{rel} = relativer Strahlmittelverbrauch (kp/min)

Die Erkenntnisse, die aus Diagramm Abbildung 37 bisher gezogen wurden, sind somit gleichfalls zu ergänzen. Bisher wurde gefolgert, daß das Minimum der Kurve sich durch die Erhöhung der Kornzahl ergibt. Hinzu kommt, wie bereits zu Diagramm 37 erwähnt, die der Erhöhung der Kornzahl parallel laufende Vergrößerung der relativen Strahlmittel-Durchsatzmenge. Beide erst bewirken das Minimum in der Kurve der relativen Strahlzeit.

3.27 Eingangskontrolle der Strahlmittel

Unter dieser Bezeichnung wird in bestimmten Betrieben bereits sei etwa 1956 versucht, sich ein Bild über den Zustand der angelieferten Strahlmittel zu machen. Ziel der Maßnahme ist es, Unterlagen zu sammeln, in welcher Weise Schwankungen des angelieferten Materials auftreten.

Die Eingangskontrolle registriert

die Typenbezeichnung des Lieferers und, falls angegeben oder bekannt,
> die Materialart des Strahlmittels, Körnungsbereiche und andere Kennwerte, die auf Grund der Lieferbedingungen oder entsprechender Unterlagen durch den Hersteller mitgeteilt werden

die subjektive Beurteilung der Beschaffenheit der Anlieferung.
> Diese deckt sich im wesentlichen mit der Beurteilung der Kornform, von Fehlern und der Ermittlung von Verunreinigungen. Sie kann, zur Unterstützung der Siebanalyse eine Beschreibung des subjektiven Eindrucks der Gleichmäßigkeit der Körnung, der Oberflächenfarbe, des Anhaftens von Fremdschichten enthalten. Besonders die Schnittführung bei Drahtkorn, die Ausbildung der Schnittfläche und der Zieh-Oberfläche lassen sich hier festhalten. Bei Schrot und Kies wird eine Beschreibung der Kornform zu geben sein.

Sie untersucht die Siebanalyse im Anlieferungszustand.
> Der Vergleich mit etwa entsprechenden Körnungen der SAE-Norm zeigen, welchen Stand unsere Fertigung zur Zeit besitzt. Die Kontrolle läßt erkennen, ob die Lieferungen stets gleichartig sind, was für die Fertigungsaufgaben von Bedeutung sein kann.

Zur Unterstützung der Aussagen unter "Subjektive Beschaffenheit"
werden Makro-Aufnahmen einer Durchschnittskörnung anzufertigen
sein, wie es die Abbildungen 45 und 46 zeigen.

Die gelieferte Strahlmittelart wird dann durch eigene Labor-
untersuchungen genauer festgelegt, indem in bekannter Weise durch
chemische Analyse, Härtemessung und Gefügebeurteilung die metallkundliche Einordnung sich ergibt.

A b b i l d u n g   45
Anlieferungsübersicht von Schrot

A b b i l d u n g   46
Anlieferungsübersicht von Kies

Im wesentlichen also handelt es sich um alle Prüfungen, die in der Eigenschaftsprüfung angeführt werden. Seltener werden dabei bisher die physikalischen Kennwerte ermittelt. Eine solche Eingangskontrolle ist in Tabelle 13 an Hand einer vorliegenden Probe dargestellt. Die Aussage dieser zusammenfassenden Beschreibung der "allgemeinen" (nicht speziell die Eignung für die Strahlverfahrenstechnik berücksichtigenden) Kennzeichen läßt bei größerer Erfahrung manchen Schluß zu, der das Bild der Verschleiß- und Wirkprüfung abrunden hilft. Ein Urteil über ein Strahlmittel allein auf Grund dieser Untersuchungen zu machen, ist heute noch unmöglich. Jedoch läßt sich über eine eng umrissene Frage, z.B. etwa die Rauhigkeit der sich einstellenden Oberfläche hier an Hand der Siebanalyse, ein Urteil abgeben. Andere spezielle Aussagen sind etwa in ähnlicher Weise möglich.

Tabelle 13

Protokoll zur Eingangskontrolle von Strahlmitteln

V E R S U C H S P R O T O K O L L Nr. 4711   Duisburg, den 14.6.60

Hersteller: Hadraco
Strahlmittelart: Stahldrahtkorn Form: zyl. Körnung: 1,2 mm
Prüfer: L. Ahmer
Bearbeiter: W. Gesell

D U R C H G E F Ü H R T E   U N T E R S U C H U N G E N

1.) Subjektive Beurteilung	x
2.) Ist-Siebanalyse	x
3.) Drahtkornausmessung	x
4.) Kornzahl je Gramm/Korngewicht	x
5.) Makro-Übersichtsaufnahme bei 10facher Vergrößerung	x
6.) Chemische Analyse	x
7.) Härtemessung bei 300 p Auflast	x
8.) Schliffbild bei 900facher Vergrößerung	x
9.) Schüttgewicht	x
10.) Spezifisches Gewicht	x
11.) Kornoberfläche	
12.) Theoretische Lebensdauer	≡
a) Vollverschleiß	
aa) Sollkorn bis 0 %	
b) Teilverschleiß	≡
ba) Sollkorn bis 45 % auf Sieb 1,0 mm	x
bb) Istkorn bis % auf Sieb mm	
13.) Theoretische Betriebslebensdauer bis 2 x Einsatzmenge	x
14.) Abtragwirkung	x
15.) Schaufelverschluß	x
16.) Strahlintensität bei Teilverschleiß: 300 Durchl.	x
17.) Rauhtiefe bei auf	
18.) Spezifische Strahlzeit für	
19.) Sonstige Untersuchungen: Keine	

Anlagen: Eigenschaftsprüfung Blatt I - IV
          Verschleißprüfung   Blatt I a - f; II ; III

Eigenschaftsprüfung Blatt I

zu Versuchsprotokoll Nr. 4711 Hadraco, Stahldrahtkorn 1,2 mm

1.) **Subjektive Beurteilung:**

Ausgangsmaterial ist Draht von 1,2 mm Dicke. Die Schnittqualität liegt in den normalen Grenzen bekannter Qualitäten. An den Schnittflächen treten leichte Quetschungen und Grate auf. Die Schnittfläche ist teilweise bis zu 20° von der Senkrechten zur Drahtlängsachse verschoben. Die Länge der Körner schwankt erheblich zwischen 0,5 und 1,6 mm. Die Fehler werden in der Übersichtsaufnahme sehr deutlich.

2.) **Ist-Siebanalyse**

Siebmaschine +GF+   Siebsatz +GF+

Siebzeit 10 min   Siebbelastung 200 p, Siebmenge 100 p

Siebung Gew. / Sieb	p	p	p	p	p	Summe p	Anteil %
1,5	15	15	12	11	7	60	6
1,2	141	136	132	143	148	700	70
1,0	36	42	46	37	39	200	20
0,75	6	-	9	3	-	18	1,8
0,5	-	2	-	4	3	9	0,9
Staub	2	5	1	2	3	13	1,3
Summe	200	200	200	200	200	1000	100

Graphische Auswertung: Rossin-Rammler

entfällt   entfällt

dm = 1,2 mm

Eigenschaftsprüfung Blatt II zu Versuchsprotokoll 4711 Hadraco, Stahldrahtkorn 1,2 mm

3) Drahtkornausmessung von 50 Körnern.

	1	2	3	4	5	6	7	8	9	10	11	12	13	14	15	16	17	18	19	20	21	22	23	24	25	Mittel
D mm	1,2	1,2	1,2	1,2	1,2	1,2	1,2	1,2	1,2	1,2	1,2	1,2	1,2	1,2	1,2	1,2	1,2	1,2	1,2	1,2	1,2	1,2	1,2	1,2	1,2	1,2
L mm	0,6	1,3	1,1	1,6	0,7	1,6	1,4	1,2	1,5	0,9	1,3	0,8	1,2	1,4	1,0	1,5	1,6	0,7	1,6	0,8	1,5	1,5	1,6	1,1	1,5	1,24
L:D	0,5	1,08	0,92	1,33	0,58	1,33	1,17	1	1,25	0,75	1,08	0,67	1	1,17	0,83	1,25	1,33	0,58	1,33	0,67	1,25	1,25	1,33	0,92	1,25	1,033

	26	27	28	29	30	31	32	33	34	35	36	37	38	39	40	41	42	43	44	45	46	47	48	49	50	Mittel
D mm	1,2	1,2	1,2	1,2	1,2	1,2	1,2	1,2	1,2	1,2	1,2	1,2	1,2	1,2	1,2	1,2	1,2	1,2	1,2	1,2	1,2	1,2	1,2	1,2	1,2	1,2
L mm	1,2	1,6	1,1	1,6	1,2	1,6	1,2	0,9	0,8	1,6	1,3	0,7	1,6	1,6	0,5	1,2	1,6	0,7	1,3	1,4	1,2	1,3	1,6	1,5	1,2	1,26
L:D	1	1,33	0,92	1,33	1	1,33	1	0,75	0,67	1,33	1,08	0,58	1,33	1,33	0,42	1	1,33	0,58	1,08	1,17	1	1,08	1,33	1,25	1	1,05

$L_m = 1,25$ mm $D_m = 1,2$ mm $L_m : D_m = 1,042$

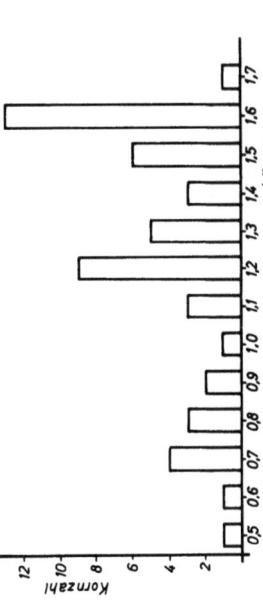

Summenhäufigkeitskurven: entfällt, dafür Balkendiagramm der Längen

Seite 104

<u>E i g e n s c h a f t s p r ü f u n g</u>   Blatt III Versuchsprotokoll 4711

4) <u>Kornzahl je Gramm / Korngewicht</u>   Hadraco, Stahldrahtkorn 1,2 mm

    86,2 Körner/p   Korngewicht = 0,01166 p

    Einwaage: 10 g   Kornanzahl = 862 (gezählt)

5) <u>Makro-Übersichtsaufnahme</u>

    Vergrößerung: 10fach   Bemerkung: Leichte Quetschungen und Grate

                                                      sehr ungleiche Längen

                                                      vgl. 1.) Blatt I

6) <u>Chemische Analyse</u>

    C = 0,56 %   Si = 0,15 %   Mn = 0,66 %   P = 0,23 %   S = 0,03 %

7) <u>Härtemessung</u>

Einbettmasse: Plexiglas   Einbettart: warm   Einbettemperatur: 150 °C

Probekörperabmessung: 25 mm Dmr.   10 mm Höhe

Strahlmitteleinwaage: 1 p   Prüfgerät: Zwick-Kleinlasthärteprüfer Nr. 571

Prüflast: 300 p   Belastungsdauer: 10 sec

1	2	3	4	5	6	7	8	9	10	11
544	511	511	511	481	496	511	511	511	544	541
12	13	14	15	16	17	18	19	20	Mittel	
544	511	496	496	511	481	511	496	581	506	

$$HV_m = 506 \text{ kp/mm}^2$$

E i g e n s c h a f t s p r ü f u n g   Blatt IV Versuchsprotokoll 4711
                                        Hadraco, Stahldrahtkorn 1,2 mm

8) <u>Schliffbild</u>

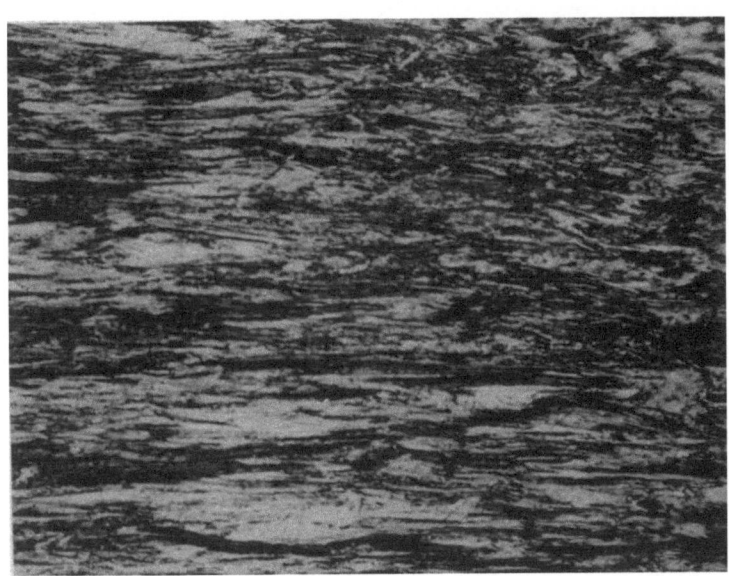

Vergrößerung: 900 fach

Ätzmittel: Salpetersäure

Ätzdauer: 25 sec

Bemerkung:
　　Gute Ziehstruktur
　　Gefügebestandteile
　　sehr fein verteilt
　　recht gleichmäßig

9) <u>Schüttgewicht</u>

$$\text{Schüttgewicht} = 4,236 \text{ p/cm}^3$$

10) <u>Spezifisches Gewicht</u>

$\gamma = 7,82 \text{ p/cm}^3$

Strahlmittel-einwaage	p	10
Gesamtvolumen	cm³	100
Zusatzwasser	cm³	98,72
Strahlmittel-volumen	cm³	1,28
spez. Gewicht	p/cm³	$\frac{10}{1,28} = \underline{7,82}$

11) <u>Kornoberfläche</u> (entfällt)

Gerät:

Theoretische Kornoberfläche: $F_{th} = \ldots\ldots\ldots\ldots \text{ mm}^2$

Praktische Kornoberfläche: $F_{pr} = \ldots\ldots\ldots\ldots \text{ mm}^2$

Eckigkeitskoeffizient: ....

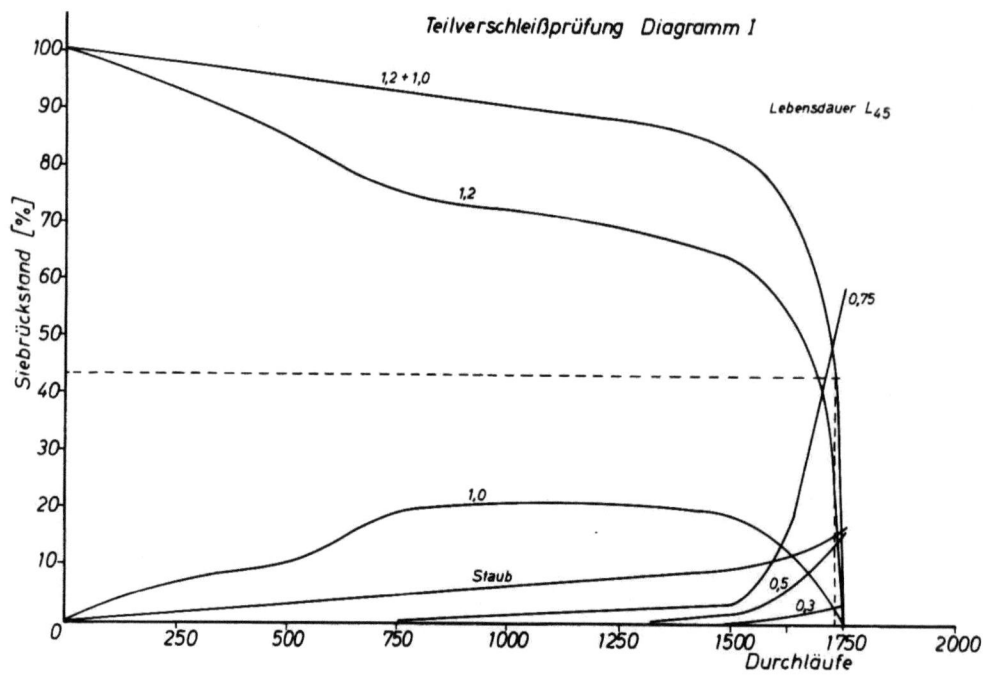

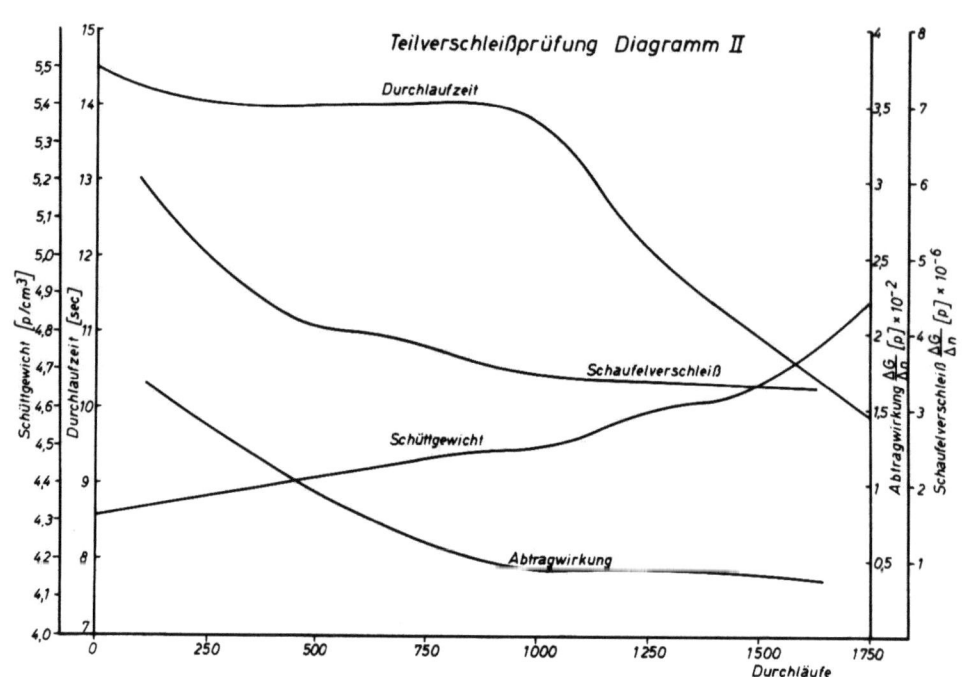

Verschleißprüfung Blatt Ia zu Versuchsprotokoll Nr. 4711   Hadraco, Stahldrahtkorn 1,2 mm

12) Theoretische Lebensdauer: Teilverschleiß – Sollkorn – bis 45 % auf Sieb 1,0 mm

Prüfmaschine: +GF+   Schaufelzahl: 8   Schaufelform: Kanalschaufel   Drehzahl: 3000 U/min

Sieb	250		500		750		Durchläufe 1000		1250		1500		1750	
[mm]	p	[%]	p	[%]	p	[%]	p	[%]	p	[%]	p	[%]	p	[%]
1,2	923,41	92,3	859,83	85,98	747,89	74,7	722,54	72,25	698,0	69,8	667,12	66,71	11,78	1,18
1,0	61,70	6,17	101,89	10,19	196,80	19,68	194,55	19,46	192,43	19,24	190,39	19,04	15,49	1,55
0,75	–	–	–	–	0,48	0,048	10,63	1,06	16,30	1,63	24,01	2,40	594,48	59,45
0,5	–	–	–	–	0,31	0,031	0,85	0,08	1,23	0,12	2,37	0,24	199,38	19,94
0,3	–	–	–	–	–	–	–	–	0,27	0,03	0,78	0,08	10,29	1,03
Staub	15,29	1,53	38,28	3,83	54,43	5,44	71,43	7,14	91,77	9,18	115,43	11,54	168,58	16,86
Summe	1.000	100	1.000	100	1.000	100	1.000	100	1.000	100	1.000	100	1.000	100

	Ausg.				Gewicht					
	p	p	p	p	p	p	p	p		
Schüttgew.	4,32	4,36	4,41	4,47	4,49	4,59	4,64	4,89		
Dlf.-Zeit	14,6	14,2	14,1	14,0	13,8	12,2	10,9	9,8		
Schaufel 1	50,825	50,822	50,821	50,820	50,819	50,818	50,816	50,815		
Schaufel 2	50,674	50,673	50,672	50,670	50,669	50,662	50,661	50,660		
Schaufel 3	50,249	50,248	50,246	50,245	50,243	50,241	50,240	50,239		
Schaufel 4		50,968	50,967	50,965	50,963	50,961	50,960	50,959		
Summe/4		0,0014	0,0013	0,0012	0,0010	0,0009	0,00085	0,0008		
Platte 1	522,26	514,36	508,47	506,34	504,21	502,18	502,12	502,10		
Platte 2	522,88	514,28	508,34	506,49	504,21	503,04	502,16	502,14		
Summe/2	8,49	5,80	2,86	2,07	2,07	1,98	1,94	1,96		

Verschleißprüfung Blatt Ib zu Versuchsprotokoll Nr. 47 11 Hadraco, Stahldrahtkorn 1,2 mm

12) Theoretische Lebensdauer: Vollverschleiß - Istkorn - 0 % auf Sieb 0,3 mm

Prüfmaschine: +GF+ Schaufelzahl: 8 Schaufelform: Kanalschaufel Drehzahl: 3000 U/min

Sieb											Durchläufe											
	0		250		500		750		1000		1250		1500		1750		2000		2250		2500	
[mm]	p	[%]	p	[%]	p	[%]	p	[%]	p	[%]	p	[%]	p	[%]	p	[%]	p	[%]	p	[%]	p	[%]
1,5	60	6	-	-	-	-	-	-	-	-	-	-	-	-	-	-	-	-	-	-	-	-
1,2	700	70	739,83	73,98	747,98	74,8	722,54	72,25	698,0	69,8	667,12	66,7	-	1,18	0,67	0,06	-	-	-	-	-	-
1,0	200	20	221,89	22,19	192,80	19,7	194,55	19,46	192,43	19,2	190,39	19,3	15,49	1,55	1,27	0,127	-	-	-	-	-	-
0,75	18	1,8	-	-	0,48	0,048	10,63	1,06	16,30	1,63	24,01	2,40	594,48	59,5	497,54	49,75	383,31	38,33	198,08	19,8	73,72	7,37
0,5	9	0,9	-	-	0,31	0,031	0,85	0,08	1,23	0,123	2,37	0,24	199,38	19,9	264,87	26,49	326,83	32,68	441,78	44,18	438,46	43,84
0,3	-	-	-	-	-	-	-	-	0,27	0,027	0,78	0,08	10,19	1,03	19,64	1,69	31,48	3,15	51,06	5,10	106,33	10,63
Staub	13	1,3	38,28	3,83	54,43	5,443	71,43	7,143	91,77	9,177	115,43	11,54	168,58	16,86	226,11	22,61	258,38	25,84	309,08	30,91	381,49	38,15
Summe	1.000	100	1.000	100	1.000	100	1.000	100	1.000	100	1.000	100	1.000	100	1.000	100	1.000	100	1.000	100	1.000	100

	Ausg									Gewicht												
	p		p		p		p		p		p		p		p		p		p		p	
Schüttgew.	4,55		4,86		4,89		4,92		4,94		4,96		4,97		4,98		5,02		5,09		5,13	
Dif.-Zeit	13,8		13,3		12,7		11,8		11,0		10,2		8,6		8,4		8,1		8,0		7,9	
Schaufel 1	48,825		48,822		48,821		48,820		48,819		48,8185		48,818		48,817		48,815		48,814		48,813	
Schaufel 2	48,674		48,673		48,672		48,670		48,669		48,667		48,665		48,664		48,663		48,662		48,661	
Schaufel 3	48,249		48,248		48,246		48,245		48,243		48,242		48,241		48,240		48,239		48,338		48,337	
Schaufel 4	48,969		48,968		48,967		48,965		48,963		48,962		48,961		48,961		48,960		48,959		48,959	
Summe	-		0,0015		0,0011		0,0010		0,0009		0,00087		0,00084		0,00082		0,00081		0,008		0,00079	
Platte 1	633,5		624,0		620,57		617,8		615,03		612,26		610,28		608,26		606,22		604,49		603,13	
Platte 2	634,84		627,36		619,19		618,26		616,09		612,28		610,88		608,29		606,17		604,53		603,48	
Summe	-		8,49		5,80		2,86		2,07		1,98		1,96		1,94		1,42		1,20		1,15	

Verschleißprüfung Blatt Ic zu Versuchsprotokoll Nr. 4711 Hadraco, Stahldrahtkorn

13) Theoretische Betriebslebensdauer - Istkorn - bis 2 x nachgesetzt

Prüfmaschine: +GF+ Schaufelzahl: 8 Schaufelform: Kanalschaufel Drehzahl: 3000 U/min.

Sieb									Durchläufe											
	0		250		500		750		1000		1250		1500		1750		2000		2250		2500
[mm]	p	[%]	p	[%]	p	[%]	p	[%]	p	[%]	p	[%]	p	[%]	p	[%]	p	[%]	p	[%]	p	[%]
1,5	60	6	-	-	-	-	-	-	-	-	-	-	-	-	-	-	-	-	-	-	-	-
1,2	700	70	747,96	74,7	863,91	86,4	875,38	87,5	856,84	85,7	858,54	85,8	797,74	79,7	489,27	48,9	244,14	24,4	128,26	12,8	113,58	11,3
1,0	200	20	208,8	20,6	120,09	12	89,75	8,96	106,48	10,68	120,14	12,0	141,45	14,1	179,38	17,9	144,76	14,4	67,73	6,8	65,53	6,6
0,75	18	1,8	1,58	0,15	1,13	0,11	1,66	0,16	2,9	0,3	3,44	0,3	41,20	4,1	259,04	25,9	472,98	47,3	588,54	58,9	575,48	57,5
0,5	9	0,9	0,51	0,05	0,33	0,03	1,20	0,12	1,28	0,13	1,36	0,13	4,17	0,41	45,78	4,6	111,53	11,2	178,60	17,9	208,33	20,8
0,3	-	-	1,29	0,12	1,02	0,1	0,57	0,06	0,92	0,09	0,74	0,07	0,86	0,09	3,37	0,3	4,33	0,4	8,59	8,6	11,50	1,2
Staub	13	1,3	41,88	4,2	12,92	1,3	31,04	3,1	31,58	3,2	15,78	1,6	14,58	1,5	23,16	2,3	12,76	1,3	18,28	18,2	15,46	1,5
Summe	1000	100	1.000	100	1.000	100	1.000	100	1.000	100	1.000	100	1.000	100	1.000	100	1.000	100	1.000	100	1.000	100

	Ausg.								Gewicht											
	p	p	p	p	p	p	p	p	p	p	p
Schüttgew.	4,55	4,68	4,7	4,63	4,63	4,68	4,58	4,54	4,53	4,53	4,50
Dif.-Zeit	13,7	12,6	10,9	10,0	10,0	10,1	10,2	10,2	10,3	10,3	10,4
Schaufel 1	48,807	48,806	48,806	48,805	48,804	48,802	48,801	48,800	48,798	48,797	48,796
Schaufel 2	48,656	43,654	48,653	48,651	48,650	48,647	48,646	48,644	48,642	48,640	48,638
Schaufel 3	48,333	43,331	48,330	48,329	48,327	48,325	48,323	48,322	48,321	48,320	48,319
Schaufel 4	48,955	43,954	48,952	48,951	48,948	48,947	48,946	48,944	48,944	48,942	48,940
Summe	-	0,0015	0,001	0,00125	0,00175	0,002	0,00125	0,0015	0,00125	0,0015	0,0015
Platte 1	597,80	593,72	590,88	588,28	585,89	583,48	581,22	579,83	577,41	575,64	574,42
Platte 2	604,39	601,89	598,97	596,67	593,91	591,47	589,06	587,63	584,99	582,73	580,19
Summe	-	2,67	2,76	2,35	2,59	2,35	1,90	1,92	2,20	1,74	1,89

V e r s c h l e i ß p r ü f u n g Blatt Ic zu Versuchsprotokoll Nr. 4711   Hadraco, Stahldrahtkorn, 1,2 mm

12) Theoretische Lebensdauer   Vollverschleiß - Istkorn - 0 % auf Sieb   0,3 mm

Prüfmaschine: +GF+   Schaufelzahl: 8   Schaufelform: Kanalschaufel   Drehzahl: 3000 U/min.

Sieb	\multicolumn{12}{c}{Durchläufe}											
	2750		3000		3250		3500		3750		4000		4250	
[mm]	p	[%]	p	[%]	p	[%]	p	[%]	p	[%]	p	[%]	p	[%]
1,5	-	-	-	-	-	-	-	-	-	-	-	-	-	-
1,2	-	-	-	-	-	-	-	-	-	-	-	-	-	-
1,0	-	-	-	-	-	-	-	-	-	-	-	-	-	-
0,75	17,40	1,74	3,34	0,33	-	-	-	-	-	-	-	-	-	-
0,5	377,76	37,8	216,81	21,68	117,03	11,7	39,67	3,97	9,16	0,92	2,64	0,26	-	-
0,3	138,35	13,83	212,26	21,23	212,42	21,2	205,44	20,54	148,17	14,81	98,1	9,81	-	-
Staub	466,44	46,64	547,59	54,76	630,55	63,0	754,99	75,49	842,77	84,27	899,26	89,93	1000	100
Summe	1.000	100	1.000	100	1.000	100	1.000	100	1.000	100	1.000	100	1.000	100

	Ausg.	\multicolumn{7}{c}{Gewicht}							
	p	p	p	p	p	p	p	p
Schüttgew.		5,17	5,19	5,20	5,22	5,34	5,55	5,74
Dlf.-Zeit		7,6	7,4	7,1	7,0	6,9	6,8	6,8
Schaufel 1		48,812	48,811	48,810	48,810	48,810	48,810	48,810
Schaufel 2		48,660	48,659	48,658	48,658	48,658	48,658	48,658
Schaufel 3		48,336	48,335	48,334	48,334	48,334	48,334	48,334
Schaufel 4		48,958	48,957	48,957	48,957	48,957	48,957	48,957
Summe		0,00078	0,00077	0,00076	-	-	-	-
Platte 1		602,05	601,11	600,40	599,90	599,52	599,28	598,86
Platte 2		602,09	601,14	600,26	599,84	599,46	599,28	598,73
Summe		1,06	1,02	1,98	0,92	0,91	0,90	0,89

Verschleißprüfung Blatt 1f*) zu Versuchsprotokoll Nr. 4711 Hadraco, Stahldrahtkorn 1,2 mm

13) Theoretische Betriebslebensdauer - Istkorn - bis 2 x nachgesetzt

Prüfmaschine: +GF+ Schaufelzahl: 8 Schaufelform: Kanalschaufel Drehzahl: 3000 U/min

Sieb	\multicolumn{2}{c}{Durchläufe}																			
	7500		7750		8000		8250		8500		8750		9000		9250		9500		9750		10.000	
[mm]	p	[%]	p	[%]	p	[%]	p	[%]	p	[%]	p	[%]	p	[%]	p	[%]	p	[%]	p	[%]	p	[%]
1,5	-	-	-	-	-	-	-	-	-	-	-	-	-	-	-	-	-	-	-	-	-	-
1,2	487,41	48,7	462,40	46,2	415,37	41,5	377,54	37,7	327,12	32,7	221,73	22,2	250,83	25,1	251,76	25,2	244,63	24,5	216,13	21,6	319,68	32,0
1,0	67,90	6,8	55,64	5,6	69,20	6,9	82,70	8,3	71,86	7,2	80,10	8,0	84,87	8,5	84,06	8,4	•68,78	6,9	128,86	12,9	62,15	6,2
0,75	177,92	17,8	199,44	19,9	225,25	22,5	244,14	24,4	262,63	26,3	298,43	29,8	228,60	27,9	267,25	26,7	243,66	24,4	174,36	17,4	181,55	18,2
0,5	154,18	15,4	175,98	17,6	187,39	18,7	200,53	20,1	225,98	22,4	243,26	24,3	256,29	25,6	258,10	25,8	251,64	25,2	279,60	28,0	237,32	23,7
0,3	65,20	6,5	57,30	5,7	57,22	5,7	58,81	5,9	69,07	6,9	75,28	7,5	83,46	8,3	93,53	9,4	108,19	10,8	105,00	10,5	37,90	3,8
Staub	47,39	4,7	49,24	4,9	55,72	5,6	36,48	3,6	45,34	4,5	61,20	6,1	45,95	4,6	45,30	4,5	83,10	8,3	96,95	9,7	161,40	16,1
Summe	1.000	100	1.000	100	1.000	100	1.000	100	1.000	100	1.000	100	1.000	100	1.000	100	1.000	100	1.000	100	1.000	100

Gewicht	Ausg.										
	p	p	p	p	p	p	p	p	p	p	p
Schnittgew.	4,58	4,56	4,5	4,54	4,41	4,54	4,45	4,41	4,4	3,36	4,35
Dif.-Zeit	10,2	10,2	10,3	10,1	10,2	10,2	10,2	10,2	10,1	10,2	10,2
Schaufel 1	48,772	48,771	48,770	48,768	48,767	48,766	48,765	48,763	48,761	48,760	48,758
Schaufel 2	48,614	48,613	48,612	48,611	48,610	48,609	48,608	48,606	48,605	48,604	48,603
Schaufel 3	48,295	48,293	48,292	48,291	48,290	48,288	48,286	48,284	48,283	48,281	48,281
Schaufel 4	48,914	48,911	48,910	48,909	48,908	48,907	48,905	48,904	48,903	48,902	48,902
Summe	0,001	0,00175	0,001	0,00125	0,001	0,00125	0,0015	0,00175	0,00125	0,00125	0,00075
Platte 1	536,20	533,82	531,51	529,27	526,48	524,36	521,83	520,02	517,36	515,66	513,09
Platte 2	537,63	535,39	534,03	531,97	529,73	527,68	525,51	523,47	521,38	519,46	517,61
Summe	1,90	2,21	1,94	2,15	2,42	2,09	2,35	1,94	2,38	1,81	2,21

*) Die Blätter d und e sind der Einfachheit halber weggelassen

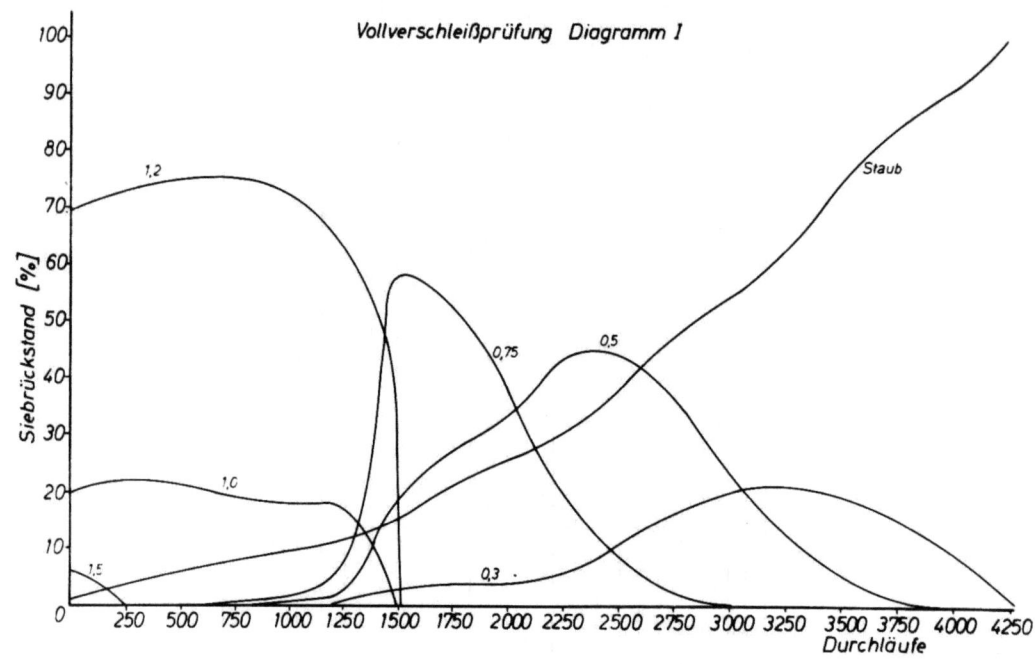

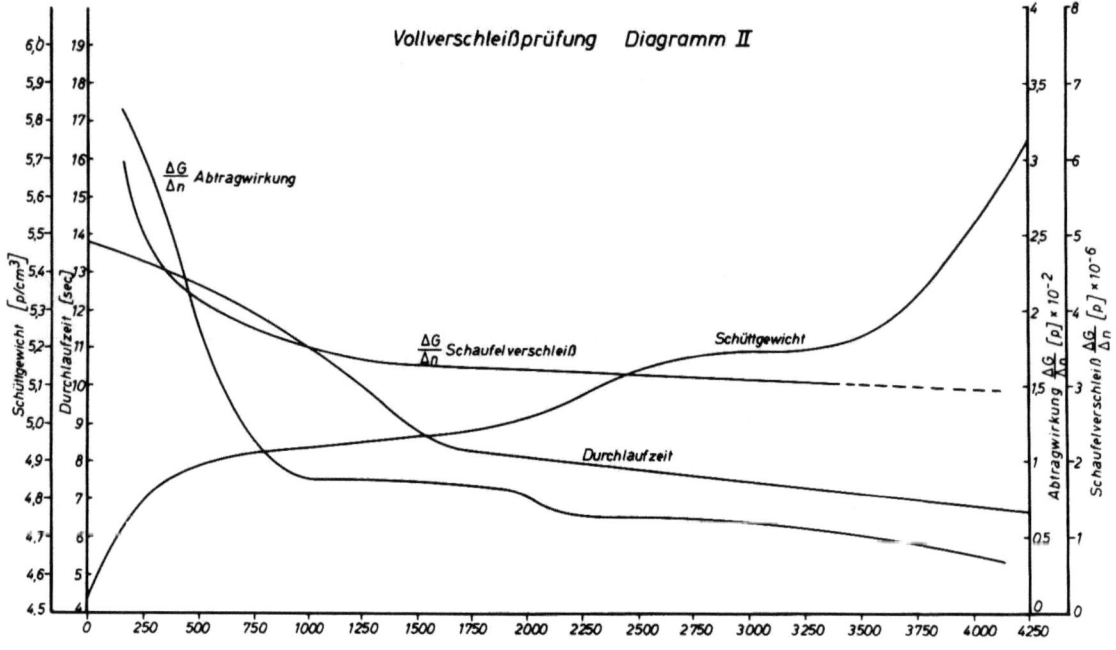

Seite 113

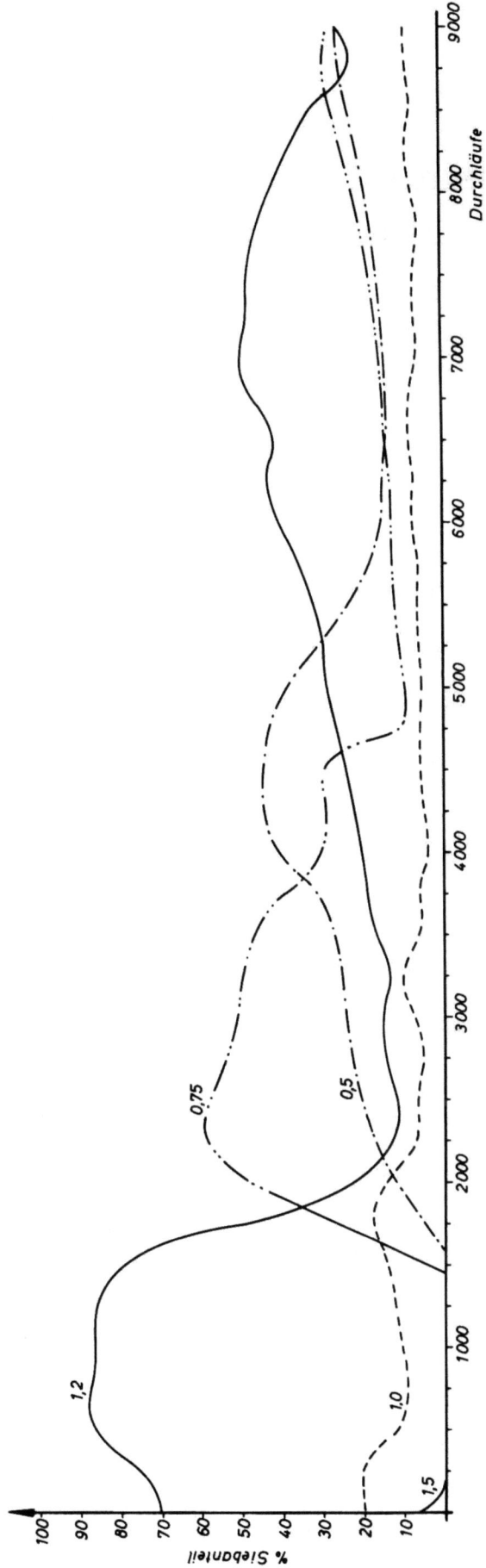

V E R S C H L E I S S P R Ü F U N G   Blatt II   Versuchsprotokoll
Nr. 4711
Hadraco, Stahldraht-
korn, 1,2 mm

Sonstige Versuchsbedingungen

Platten für Prüfung der Abtragwirkung:

Abmessung:

Platte Nr. 1:   125 x 40 mm   F = 5000 mm²

Platte Nr. 2:   125 x 40 mm   F = 5000 mm²

Material: normale Platten der Firma Georg Fischer AG

Anordnung: normale Anordnung auf Platz 1 + 5

Messung des Schaufelverschleißes

Schaufelkennzeichnung: umlaufend 1 - 8

Schaufelmaterial: normale Schaufeln der Firma Georg Fischer AG

Schaufelanordnung: alle Schaufeln wie vorgesehen (radial)

Platten für Prüfung der spez. Strahlzeit (entfällt)

Platten für Prüfung der Strahlintensität

Abmessung:

Platte Nr. 1: 19 x 75 mm   F = 1425 mm²

Platte Nr. 2:   ---   ---

Material: Almen Az Platten der Firma Georg Fischer AG

Anordnung: Auf Platz 1 der Prallplattenanordnung

V E R S C H L E I S S P R Ü F U N G   Blatt III   Versuchsprotokoll
Nr. 4711
Hadraco, Stahldraht-
korn, 1,2 mm

Ergebnisse der Verschleißprüfung

Theoretische Lebensdauer: a) Vollverschleiß   4145 Dlf
                                 b) Teilverschleiß 1726 Dlf

Theoretische Betriebslebensdauer: bis 2 x nachgesetzt. 10.000 Dlf

Abtragwirkung: a) Vollverschleiß   0,813 mg/sec   c) Betriebsprüfung: -
                     b) Teilverschleiß   0,964 mg/sec

Schaufelverschleiß: 0,013 mg/sec

Strahlintensität: mit 1 Platte, Bogenhöhe neues Material $\frac{14}{100}$ mm

(300 Dlf) altes " $\frac{40}{100}$ mm

Rauhtiefe: ---

(gemessen mit .... -Gerät)

Spezifische Strahlzeit: ---

Sonstige Untersuchungen: ---

4. Betriebsprüfung von Strahlmitteln

Wie es die geschichtliche Entwicklung zeigt, entsteht jede Betriebsprüfung dadurch, daß die Wirtschaftlichkeit verschiedener Erzeugnisse verglichen werden muß (vgl. Abschnitt 2.1). Somit tritt der Betriebsvergleich, als eine Form der Betriebsprüfung, auch um 1930 in den Betrieben auf, als es nötig wird, den Einsatz von Hartgußstrahlmitteln gegenüber dem hergebrachten Quarzsand durchzusetzen.

Bereits in den damaligen Untersuchungen werden die unterschiedlichen Möglichkeiten der Auswertung aufgezeigt. Man strahlt unter gleichartigen Bedingungen mit den verschiedenen Strahlmitteln und ermittelt bei weitestgehender Betrachtungsweise die jeweils entstehenden Kosten je gestrahlter Werkstückeinheit (z.B. je Tonne Guß, je m^2 getrahlter Bleche). Man führt also einen Wirtschaftlichkeitsvergleich durch. Bei dieser Auswertung werden bereits die unterschiedlichen Wirkungen der Strahlmittel mit berücksichtigt. Es handelt sich in diesen Fällen somit im erweiterten Sinne um eine "Beurteilung der Verschleiß- und Wirkungsgüte" des Strahlmittels. Diese Untersuchungen ergeben also keinen reinen "Gütevergleich" der Strahlmittel, wie er unter Abschnitt 2.2 definiert wurde. (Vergleich der Verschleißfestigkeit.) Sie stellen auch die Minderung der Putzzeit und die dadurch verringerten Betriebskosten durch Lohn und Abschreibung (vgl. hierzu Abschnitt 3.26 - Bestimmung der Kornzahl je Gramm) mit in Rechnung, aber auch den geänderten Bedarf an Verschleißteilen, und die erforderlichen Wartungskosten. Diese Untersuchungsmethode hat vom betrieblichen Standpunkt aus sicher die umfassendste Aussagefähigkeit, denn sie gibt schlüssig als Ergebnis an, ob mit der neuen Strahlmittelart bei gleichem Fertigungserfolg niedrigere Kosten gegenüber dem bisherigen Zustand sich ergeben. Meist aber wird der Wirtschaftlichkeits-Vergleich nicht voll durchgeführt. Man vergleicht nur den spezifischen Strahlmittelverbrauch (S_{sp}). Hierbei wird also "nur" die verbrauchte Menge als Vergleichs-Größe gewertet. Es handelt sich also auch dann nicht um eine absolute Gegenüberstellung der Verschleißfestigkeit. Die Wirkungsänderung durch höheren Bedeckungsgrad oder Strahldichte geht gleichfalls mit ein. Dies wurde in den Ausführungen zu Abbildung 37 dargelegt, die hierzu heranzuziehen sind.

Aus diesen Ausführungen ergibt sich die Notwendigkeit, die in der Literatur um 1930 zu findende Bezeichnung "Lebensdauer" genauer zu umreißen (vgl. hierzu Abschnitt 1.4 - Berechnung der Lebensdauer um 1930).

Unter Lebensdauer(-Kennzahl) "L" soll diejenige Anzahl Durchläufe verstanden werden, die ein Strahlmittelteilchen benötigt, um bis zu einem gewünschten Zustand verschlissen zu sein. Dabei kann der Verschleiß durch Zersplittern oder durch Abrieb vor sich gehen. Es sei dabei gleichgültig, ob die Untersuchung an Betriebsmaschinen oder in Test-Einrichtungen durchgeführt wird.

Somit ist aus den Berichten der dreißiger Jahre die "Praktische Betriebslebensdauer(-Kennzahl) "L_o" zu entwickeln.

Die praktische Betriebslebensdauer ist diejenige mittlere Durchlaufzahl eines Strahlmittels durch eine Betriebsmaschine, in der die sich verbrauchende Füllung einmal durch Neuzugaben ersetzt wird [37]. Der Kennwert wird zur Kennzeichnung der Körnung mit einem Index versehen, der der Körnungsbezeichnung des untersuchten Strahlmittels entspricht. Es ist also zu schreiben:

$$L_{o - D\ 120\ St} = 2\ 800\ \text{Durchläufe}$$

Dies bedeutet, daß die praktische Betriebslebensdauer von Stahl-Drahtkorn der Abmessung 1,2 mm in der Betriebsmaschine 2 800 Durchläufe ausführen muß, um im Mittel durch die Absaugung oder in sonstiger Weise (z.B. als Wegtragverlust) ausgeschieden zu werden.

Der Wert $L_{o - a}$ ermittelt sich nach der Formel [38]:

$$L_{o - a} = \frac{R \cdot z \cdot t}{S}$$

Hierin bedeuten:

$L_{o - a}$ = Praktische Betriebslebensdauer (Durchläufe)
R = Relativer Strahlmitteldurchsatz (Raddurchsatz) [kp/min]
z = Radzahl der Strahlanlage
t = Radbetriebszeit während des Versuchs [min]
S = Strahlmittel-Nachfüllmenge [kp]

Es ist also notwendig, die Menge des in der Minute durchgesetzten Strahlmittels (relativer Strahlmitteldurchsatz) zu messen. An Hand eines genau geführten Tagebuches sind eingesetzte Strahlmittelmengen, die Laufzeit der arbeitenden Maschine und die gestrahlten Werkstückmengen zu bestimmen. Wird eine Maschine neu gefüllt, so darf über eine verhältnismäßig lange Betriebszeit das Ergebnis nicht mit in Rechnung gestellt werden. Es muß sich erst Beharrung eingestellt haben. In der Anfahrzeit wird ein erheblicher Anteil des Materials dafür verbraucht, Toträume in der Maschine auszufüllen. Diese Mengen verfälschen das Ergebnis wesentlich zu höheren Verbrauchszahlen. Andererseits hat sich noch keine mittlere Körnung eingestellt. Von dieser mittleren Körnung aber hängt die erforderliche Dauer (vgl. Abb. 37) des Strahlvorganges ab. Außerdem sind Feinanteile noch nicht vorhanden, so daß noch kein Material durch die Entstaubung ausgeschieden wird. Erst nach der Anfahrzeit können brauchbare mittlere Versuchsergebnisse bestimmt werden (für spezifischen und relativen Verbrauch und für die praktische Betriebslebensdauer). Das Zugeben des verbrauchten Materials soll in gleichmäßigen, möglichst kleinen Mengen und in regelmäßigen Zeitabständen erfolgen. Gleichzeitig will man meistenteils neben diesen Strahlmittelkennwerten die Güte der Strahlwirkung und den Schaufelverschleiß ermitteln. Auch diese beiden Werte sind in der Anfahrzeit auf Grund der obigen Gesichtspunkte nicht vergleichbar. Es wird daher empfohlen, erst mit der Auswertung zu beginnen, wenn gut die Hälfte der Füllung nachgesetzt wurde. Der Versuch sollte erst als beendet angesehen werden, wenn eine ganze Füllung nach Auswertebeginn hinzugesetzt worden ist.

Zur Bestimmung der Maschinenfüllung hat sich folgendes Verfahren als zweckmäßig erwiesen:

In den Einlauf der Schleuderräder füllt man von Hand z.B. einen Sack (50 kp) Strahlmittel und stellt dabei durch Zeitmessung die relative Raddurchsatzmenge fest. Dabei ist zu berücksichtigen, daß es sich hierbei um Neukorn handelt. Die Betriebskörnung läuft also schneller durch, wofür gut 20 % auf die gemessene Durchsatzmenge aufgeschlagen werden sollten.

Das Zufüllen hat nun so lange zu erfolgen, bis bei laufender Maschine, also bei zwangsläufigem Strahlmittelkreislauf, mit Sicherheit die größtmögliche Durchsatzmenge aller Schleuderräder im Umlauf ist. Um dies zu ermitteln, entnimmt man dem Kreislauf vor den Rädern über eine bestimmte Zeit das umlaufende Strahlmittel. Ist die aufgefangene Menge noch geringer als der höchste Raddurchsatz, so muß mehr Strahlmittel eingefüllt werden, bis die Grundfüllung der Maschine erreicht ist. Fängt man nun die Umlaufmenge so lange ab, bis praktisch kein Strahlmittel mehr im Zulauf zu den Rädern vorhanden ist, so kennt man neben der Füllmenge auch die bisher selten erwähnte oder bestimmte Umlaufmenge. Diese aber ist zur Begrenzung des Versuchs von wesentlicher Bedeutung. Der verbleibende Rest ist die Totraum-Menge, die den Kreislauf nicht mitmacht.

Nur die Kreislaufmenge ist dann im Betrieb etwa zweimal zu ersetzen, um
ein vertretbares mittleres Ergebnis für die Versuchswerte zu erhalten.
Dabei sollten nur die Werte für das Ergebnis herangezogen werden, die
während der Zugabe der 2. Umlaufmenge festgestellt wurden.

Der in einem genau geführten Tagebuch festgelegte Betriebsablauf
(Muster siehe [38]) ist dann auswertbar und liefert alle Daten, die zur
Bestimmung der Richtzahlen der Betriebsprüfung erforderlich sind. Je
nach Aufwand, den der Untersuchende für zweckmäßig hält, läßt sich nun
der volle Wirtschaftlichkeits-Nachweis führen. Oder es werden spezifischer und relativer Strahlmittelverbrauch sowie die praktische Betriebslebensdauer ermittelt.

Das Ergebnis dieser Untersuchung liefert:

a) Richtwerte für Kalkulation und Wirtschaftlichkeits-Rechnung

b) Innerbetriebliche Vergleiche (bei Parallel-Versuchen) über die Eignung verschiedener Strahlmittel, Schaufeln, Maschinen

c) Durch statistische Erfassung der Ergebnisse aus vielen Betrieben, zwischenbetriebliches Urteil über die eigene Arbeitsweise

d) Auswertung der Statistik, durch Zusammenfassen von gleichartigen Gruppen, wie gleiches Strahlmittel, gleiche Maschine, gleiches bestrahltes Gut, um ein Urteil über die einzelnen Gruppen zu erhalten (wird z.B. bei gleichen Werkstücken und gleichen Maschinen die praktische Betriebslebensdauer verschiedener Strahlmittel verglichen, so erhält man die Verschleißgüte der betrachteten Strahlmittelarten).

Die Untersuchung nach a) sollte in jedem gut geführten Betrieb bereits
vorliegen. Untersuchungen nach b) (Parallel-Versuche) werden in der
Regel anzustellen sein, wenn nach heutiger Erkenntnis ein abschließendes Urteil über den Einsatz anderer Strahlmittel, Maschinen und Verschleißteile zu geben ist. Die Unterlagen aus den Untersuchungen in den
Betrieben sind bisher nicht allgemein zugänglich gemacht worden. Somit
sind die daraus erstellbaren Richtwerte leider bisher nicht bekannt.
Es wäre eine dankenswerte Aufgabe, diese Auswertung zu beginnen.

Auf Grund des Tagebuches sind zu ermitteln:

In der Versuchszeit gestrahltes Gut = G [to]
Reine Betriebszeit der Maschine = t [min]
Zum Arbeiten nötige Nebenzeiten = t_n [min]

Verlustzeiten = t_v [min]

Reparaturstillstandzeiten (auch wenn sie in Betriebspausen oder in Ruhezeiten fallen) = t_r [min]

Strahlmittelverbrauch in der Versuchszeit = S [kp]

Daraus errechnen:

relativer Strahlmittelverbrauch = s_{rel} [kp/h·Rad]

Rechnung: $60\,S/T \cdot z$ (z = Anzahl der Räder in der Maschine bei dauerndem Betrieb aller Räder)

absolute Strahlleistung (Vergleichswert für gleiche Maschine und Arbeit pp)

Rechnung: $G/(t + t_n)$ = P_{ab} [to/Schichtstd.]

Relative Strahlleistung = P_{rel} [to/Schleuderradstunde]

Rechnung: G/T

spezifischer Strahlmittelverbrauch = s_{sp} [kp/to]

Rechnung: S/G

spez. Strahlmittelkosten = k_{sp} [DM/to]

Rechnung: (DM/kg Strahlm) · s_{sp}

spez. Putzzeit = t_{spez} [min/to]

Rechnung: t/G

relative Strahlzeit = t_{rel} [min/to]

Rechnung: $(t + t_n + t_R + t_V)/G$

absoluter Ausnutzungsgrad = g_{ab} [-]

Rechnung: $(t/(t + t_n + t_R + t_v)$

relativer Ausnutzungsgrad = g_{rel} [-]

Rechnung: $(t + t_n)/(t + t_n + t_R + t_V)$

Betriebslebensdauer = L_o [Durchläufe]

Rechnung: $R \cdot z \cdot t/S$

Anzahl der Räder im Dauerbetrieb = z

Durchsatzmenge je Rad in min. = R [kp/min]

Für die Wirtschaftlichkeitsrechnung sind die anfallenden Kosten zusätzlich zu ermitteln. Es handelt sich um:

Strahlmittelkosten $S \cdot k_s$ = [kp·(DM/kp)]

Löhne für
    den Putzer
    die Reparaturschlosser

Wartungs- und Betriebsmaterial
    Energiekosten
    Kosten für Verschleißteile
    Sonstiges
    Abschreibung

Aus diesen Angaben sind dann die spezifischen Strahlkosten $K_{sp-Strahl}$ [DM/to] zu bestimmen.

Wichtig sind in diesem Zusammenhang die Beziehungen zwischen den drei zu ermittelnden Kennwerten.

Der relative Strahlmittelverbrauch "S_{rel}" läßt sich aus der praktischen Betriebslebensdauer und dem Raddurchsatz errechnen zu

$$s_{rel} = \frac{R}{L_{o-a}} \quad [kp/min]$$

Mathematisch läßt sich dies aus der Formel für die praktische Lebensdauer ablesen. Aber auch nach eingehender Betrachtung ist zu erkennen, daß dieser Wert zutrifft. Die praktische Betriebslebensdauer ist eine mittlere Zahl von Durchläufen, die ein Korn mitmachen muß, um als Feinanteil ausgeschieden zu werden. Anders ausgedrückt ist die mittlere Lebensdauer der Anteil, der bei jedem Durchgang als Staub ausgeschieden wird. Die praktische Betriebslebensdauer gilt laut Definition nur, wenn die Maschine bereits in Beharrung ist, so daß die angestellte Überlegung auch für die Zeitabschnitt Gültigkeit besitzt, in dem "R" durchgesetzt wird. Daher ist der Verbrauch je Minute nach o.a. Formel zu bestimmen.

Weiter ist der spezifische Verbrauch aus dem relativen durch Multiplikation mit der spezifischen Strahlzeit zu finden.

$$s_{spez} = s_{rel} \cdot t_{spez}$$

All diese Zusammenhänge gelten nach heutiger Kenntnis nur für das gleiche Strahlmittel unter den gleichen Einsatzbedingungen, also bei der gleichen Maschine und für das Strahlen einer bestimmten Werkstückart.

Es muß zur Zeit als Tatsache gelten, daß sich die praktische Betriebslebensdauer ändert, wenn das gleiche Strahlmittel unter anderen Bedingungen verwendet wird. Die Änderung kann z.B. schon durch eine andere relative Durchsatzmenge gegeben sein. Die hier sich aufzeigenden Zusammenhänge sind nach Ansicht des Berichters genauer zu studieren. Sie scheinen geeignet zu sein, die Zusammenhänge über die Anwendung und den Einsatz von Strahlmitteln klären zu helfen, sicher besser, als es wohl durch Laborversuche an gleichartigen Testeinrichtungen möglich erscheint.

Will man zwei Strahlmittel vergleichen, so muß die praktische Betriebslebensdauer, die spezifische Strahlzeit für das zu strahlende Gut und die relative Durchsatzmenge für jedes Strahlmittel bekannt sein. Dann ist ein Vergleich der beiden Strahlmittel für diesen Betriebsfall in der vorhandenen Maschine durchführbar.

5. Lebensdauer-Kennwerte der Labor-Untersuchungen

5.1 Theoretische Betriebslebensdauer

Ein Betriebsvergleich (gem. Abschnitt 4) dauert je nach Größe der Maschine und der Güte des Strahlmittels etwa 1/2 Jahr, wenn zwei Sorten gegenüber zu stellen sind. Für die Überwachung einer Fertigung oder für die Entwicklung ist ein solches Verfahren also zu langwierig. Somit müssen Labor-Methoden angewandt werden. Es ist dabei selbstverständlich, daß beim ersten Schritt stets zu versuchen ist, die betrieblichen Verhältnisse eingehend nachzuahmen. Eine Betriebsmaschine in Kleinausführung wird also zu solchen Versuchen umzubilden sein. Aber auch die Versuchsdurchführung wird anfangs möglichst ein getreues Abbild des Betriebs-Ablaufes darstellen müssen. Die Aussagefähigkeit für den praktischen Betrieb wird daher umso größer sein, je betriebsähnlicher Versuchsdurchführung und Testeinrichtung gestaltet sind.

Daher ist es verständlich, daß einer der Labor-Versuche sich bei seiner Durchführung der Verbrauchsmessung durch Nachsetzen beim Betriebs-Vergleichsversuch bedient. Der so zu ermittelnde Kennwert wird mit "theoretischer Betriebslebensdauer" ($L_{B-a/b} = k_2$ Durchläufe) gekennzeichnet [37].

Die theoretische Betriebslebensdauer eines Strahlmittels "a" ist die Durchlaufzahl durch eine Testmaschine, die sich dadurch ergibt, daß die unterhalb einer gewählten Abmessung "b" liegenden zerschlissenen Kornanteile solange ausgeschieden werden, bis die Einsatzmenge einmal voll ersetzt wird. Sie ist also ein direkt ermittelter Kennwert k_2.

Um die Versuchsdurchführung und damit das Ergebnis näher zu beschreiben, sind die folgenden Angaben zusätzlich zu machen:

die verwendete Testmaschine

die Strahlmittelgeschwindigkeit am Austritt der Strahleinrichtung

das Prall-Plattenmaterial

der Abstand der Prallplatte von der Strahleinrichtung
und die Lage der Platte zur Strahleinrichtung

die Anzahl der Durchgänge, nach denen die Staubmenge durch Neumaterial ersetzt wird

die Siebanalyse des verwendeten Strahlmittels, falls Istkorn geprüft wird

und die Angaben, die zur Kennzeichnung des Lebensdauerkennwertes in seinem "Index" zusammengefaßt sind.

Zur Unterscheidung, ob Soll oder Istkörnung gefahren wurde, ist hinter den Index "th" der Zusatz "s" oder "i" zu setzen.

In der Schreibweise $L_{B-a/b} = k_2$ bedeuten:

a Strahlmittelart und Körnung gem. Norm (bzw. nach VDG-Merkblatt der Anlage)

Sie gibt somit durch die Körnung auch die Größe der Sollkörnung an

b Prüfsieb (frei wählbar) in Hundertstel mm, das bei der theoretischen Betriebslebensdauer die Körnung bestimmt, die in der Betriebsmaschine durch die Staubabsaugung selbsttätig ausgeschieden wird.

Wird nun für die Testmaschine ein Betriebsrad verwendet, so ist der Zusammenhang zwischen praktischer und theoretischer Betriebslebensdauer in großem Umfange bereits gegeben. Die Wahl der anderen Einflußgrößen ist in der Mehrzahl so durchzuführen, daß mittlere Betriebsverhältnisse einzuhalten sind. Nicht zu realisieren ist wohl, daß entsprechend den Betriebs-Umständen laufend "neue" Oberflächen als Prallplatten zur Verfügung stehen, wie es beim Durchlauf der Werkstücke in der Betriebsmaschine der Fall ist. Es erscheint durchaus möglich, daß andere Verschleißverhältnisse für das Strahlmittel vorliegen können, wenn z.B.

auf eine Prallplatte aus St 34 gestrahlt wird. Hierbei wird tatsächlich dann das Material abgetragen, statt wie im Betrieb mit diesem Strahlmittel eigentlich Zunder von St 34 zu entfernen. Jedoch herrschen im normalen Betrieb laufend gleichartige, im Labor-Versuch wiederum stets die gleichen, aber andersartige Verhältnisse. Da zwischen praktischer und theoretischer Betriebslebensdauer nur eine Proportionalität zu erwarten ist, so geht dieser Unterschied dann in die Größe des Proportionalitätsfaktors ein.

Änderungen der Durchsatzmenge werden entsprechend den angestellten Überlegungen sicher auch nur die Größe des Umrechnungsfaktors beeinflussen können. Im wesentlichen aber hängt dieser Faktor bei gleicher Radausbildung davon ab, welche Verluste im praktischen Betrieb auftreten.

Die Verluste einer Maschine sind allgemein nur ein Teil der Strahlmittelmengen, die aus der Maschine austreten.

$$A_M = A_{rück} + V_{spritz} + V_{fort}$$

Die Verluste "V" können wesentlich verringert werden, indem ein erheblicher Anteil gesammelt und zurück in die Maschine gebracht wird ($A_{rück}$). Übrig bleiben dann die unvermeidbaren Spritz- (V_{spritz}) und Forttragverluste (V_{fort}), die mit dem bestrahlten Gut fortgetragen werden, wie es bei kernreichem Guß besonders der Fall ist. Aber diese beiden echten Verluste lassen sich durch arbeits-organisatorische Maßnahmen erheblich verringern. Somit steigt die "Lebensdauer" ohne Änderung der Materialgüte. Für längerlebende Materialien ist gerade auf diese Tatsache besonders zu achten.

Die Verwendung einer anderen Radkonstruktion in der Testeinrichtung als in der Betriebsmaschine braucht nicht zu grundlegenden anderen Ergebnissen zu führen. Jedoch sind hierzu bestimmte Voraussetzungen nötig. Die Verschleißbeanspruchung des Strahlmittels muß in beiden Rädern, also in dem der Betriebsmaschine und dem der Testeinrichtung gleichartig sein. Hierunter soll verstanden werden, daß die Verschleißkurven, wie sie bei den Versuchen zur Bestimmung der theoretischen Lebensdauer gem. Abschnitt 5.2 ermittelt werden, sich bei beiden Rädern decken. Dies darf nicht allein bei der Sollkornkurve zutreffen, sondern auch die Kurven für die Unterkörnungen müssen gleichartig sein. Dies würde bedeuten, daß in einem Grundsatzversuch einmal festzulegen ist, unter welchen Bedingungen sich das Rad X einer Betriebsmaschine wie Rad Y der Testmaschine verhält, wenn beide in die gleiche Testeinrichtung eingebaut werden. Eine Größe, die hierbei eine wichtige Rolle spielt, ist mit Sicherheit die Strahlmittelgeschwindigkeit. So haben Versuche ergeben, daß bei angeblich gleichem Verschleißzustand, nämlich bei der Kornzusammensetzung, wie sie bei $L_{th-x-45}$ vorhanden ist, erheblich unterschiedliche Staubmengen zu verzeichnen sind. Somit steht fest, daß auch die Körnungszusammensetzungen im untersuchten Zustand wesentlich von einander abweichen. Nach bisheriger Ansicht wurde vermutet, daß der Verschleißzustand in diesem Untersuchungspunkt gleich sein müßte. Dies ist schon nicht der Fall, wenn bei gleichem Ausgangskorn und gleicher Testeinrichtung nur mit unterschiedlicher Drehzahl gefahren wird. Aus dieser Erkenntnis wird gefolgert, daß nur ein Vergleich zwischen Labor und Praxis möglich ist, wenn der gleiche Verschleiß-Ablauf im Betriebsrad und in dem der Testeinrichtung vorhanden ist.

Bei Versuchen mit Druckluft-Strahlanlagen ergab sich, daß Hartgußkies nicht zerbrach, sondern langsam durch Verschleiß der Kanten rund und somit durch Oberflächenverschleiß aufgebraucht wurde. Kies dieser Materialart aber zerspringt in Schleuderstrahl-Anlagen. Es liegt hier ein sichtbarer Unterschied im Verhalten vor, daß aus den Untersuchungen mit "Oberflächenverschleiß" kein Rückschluß auf das Verhalten bei Beanspruchungen zu ziehen ist, wenn dort "Zerspringen" auftritt.

Bei Drahtkorn ist zu beobachten, daß je nach Strahlgeschwindigkeit das Korn nur dem Oberflächenverschleiß unterliegt, bei höherer Beanspruchung dann aber durch Ermüdung praktisch ruckartig völlig zu Staub zerfällt. Im ersten Fall wird das Korn nur stetig kleiner, ohne daß dieser Ermüdungszerfall zu beobachten ist. Auch bei diesen Untersuchungen ist mit Sicherheit keine Aussage zu übertragen, wenn einerseits so gearbeitet wird, daß nur Oberflächenverschleiß vorliegt, im anderen Fall sich aber Zerstörung durch Ermüdung ergibt. Für den hier dargestellten Fall werden zwei Lebensdauer-Kurven gegenübergestellt. Abbildung 47 zeigt die Kurven für Soll- und Unterkörnungen bei Oberflächenverschleiß, Abbildung 48 eine Kurve des gleichen Materials, bei dem es gegen Ende des Versuchs zu dem geschilderten Kornzusammenbruch kommt. Der Kornzusammenbruch ist außerdem am hohen Anfall an Staub gleichfalls zu erkennen. Schließlich zeigt die Gegenüberstellung in Tabelle 14 den unterschiedlichen Aufbau der einzelnen Unterkörnungen für den Verschleißzustand

$L_{th-s-45}$; D 120 St/100

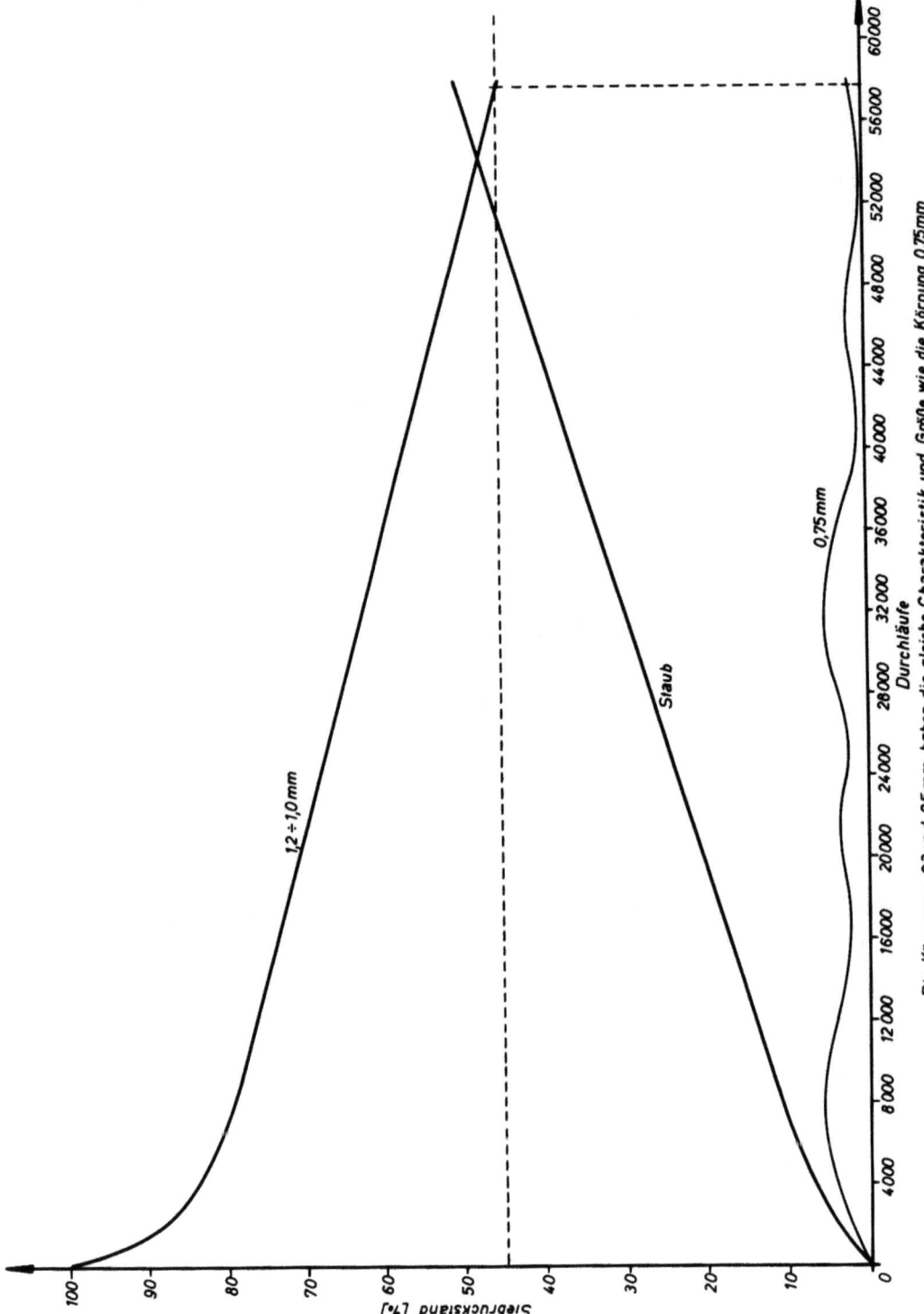

Abbildung 47

Teilverschleißuntersuchung für Stahldrahtkorn bei Oberflächenverschleiß

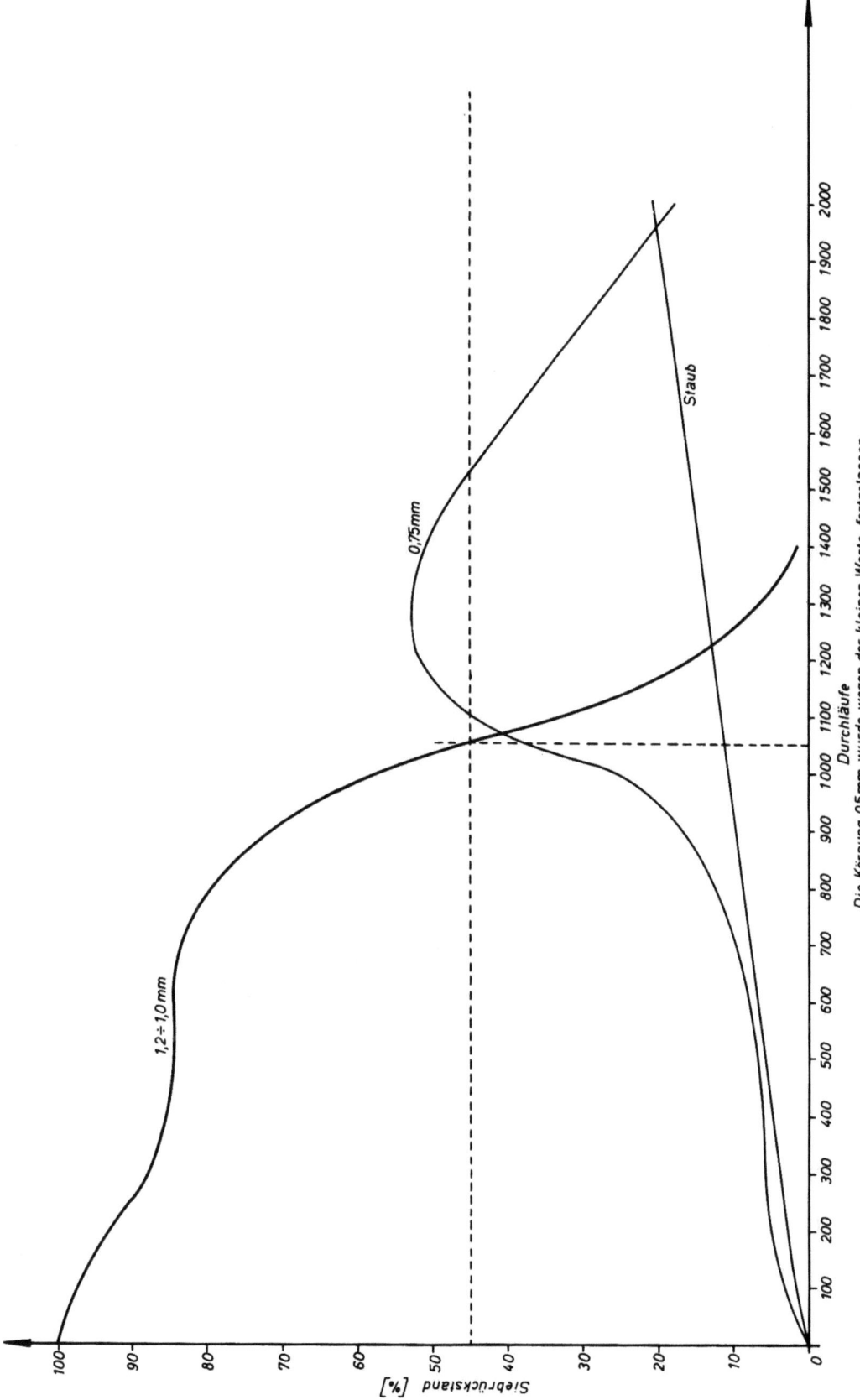

Abbildung 48

Teilverschleißuntersuchung für Stahldrahtkorn bei Kornzusammenbruch

beider Versuche zur Bestätigung der Ausführungen. In Abbildung 49 ist die Analyse bei L_{45} im Balken-Diagramm dargestellt.

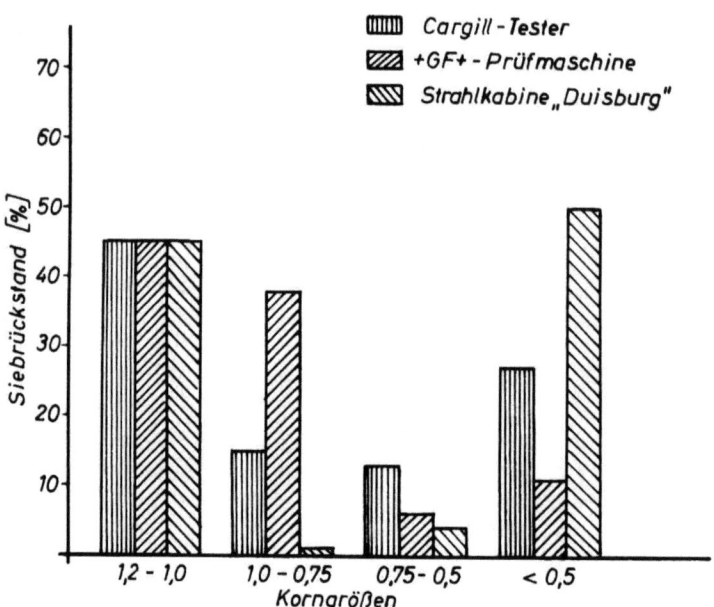

Abbildung 49

Siebanalyse für Teilverschleiß bei gleichem Verschleißzustand
$L_{th-s-45}$; D120/100

Tabelle 14

Siebanalyse des gleichen Drahtkorns bei unterschiedlicher Verschleißart
Aufbau der Körnungen beim Verschleißzustand $L_{th-s-45}$

Prüfmaschine Körnung	+ GF + [%]	Vogel & Schemmann [%]
1,2	35	1,5
1,0	10	43
0,75	38	1,0
0,5	6	4,0
0,5	11	50,2

Bei den nachfolgenden Versuchen ist für eine Hartgußschrot-Serie der gleichen Granulation die Nachsetzmethode zur Ermittlung der theoretischen Betriebslebensdauer auf der GF-Prüfkabine durchgeführt worden. Die Diagramme Abbildung 50 bis 54 zeigen die ermittelten Werte in

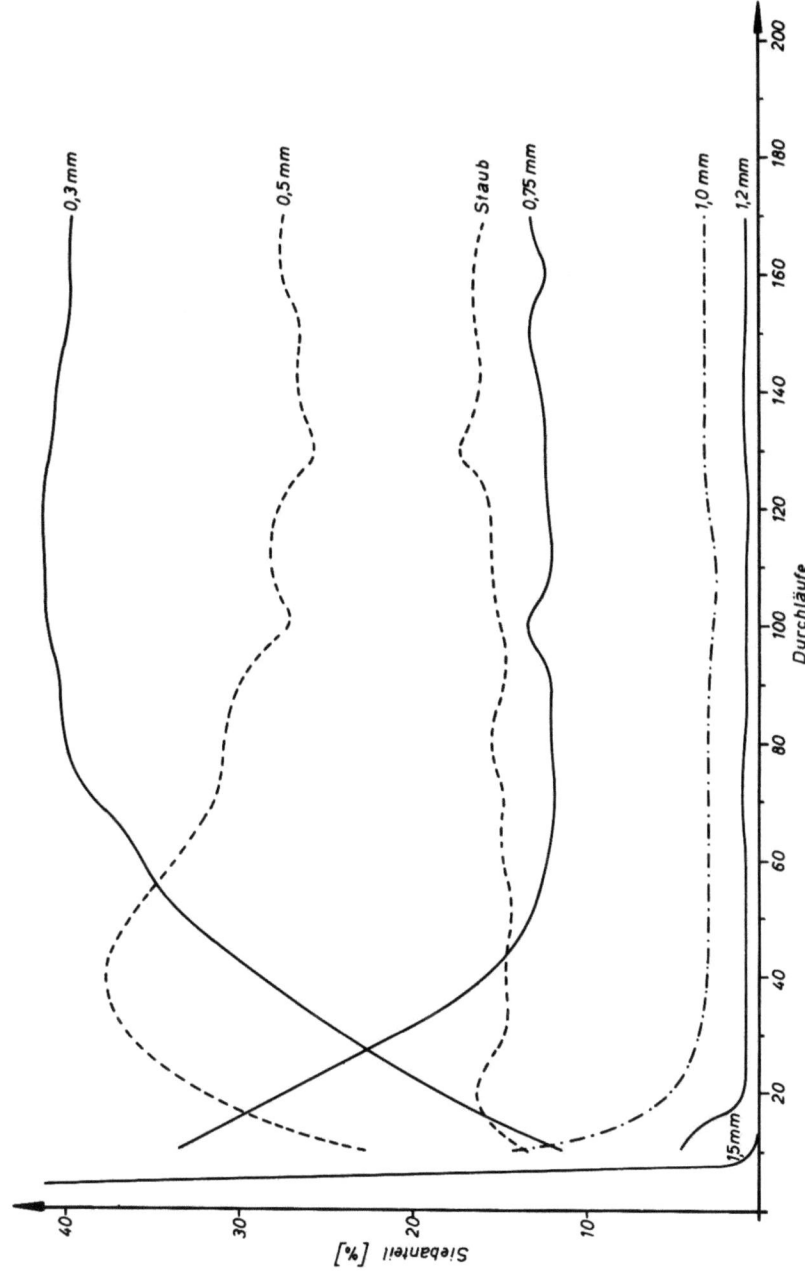

Abbildung 50

Körnungsverteilung bei Untersuchung der theoretischen Betriebslebensdauer.

L_{B-s}-S150GH/30 Strahlmittel: Hartgußschrot 150

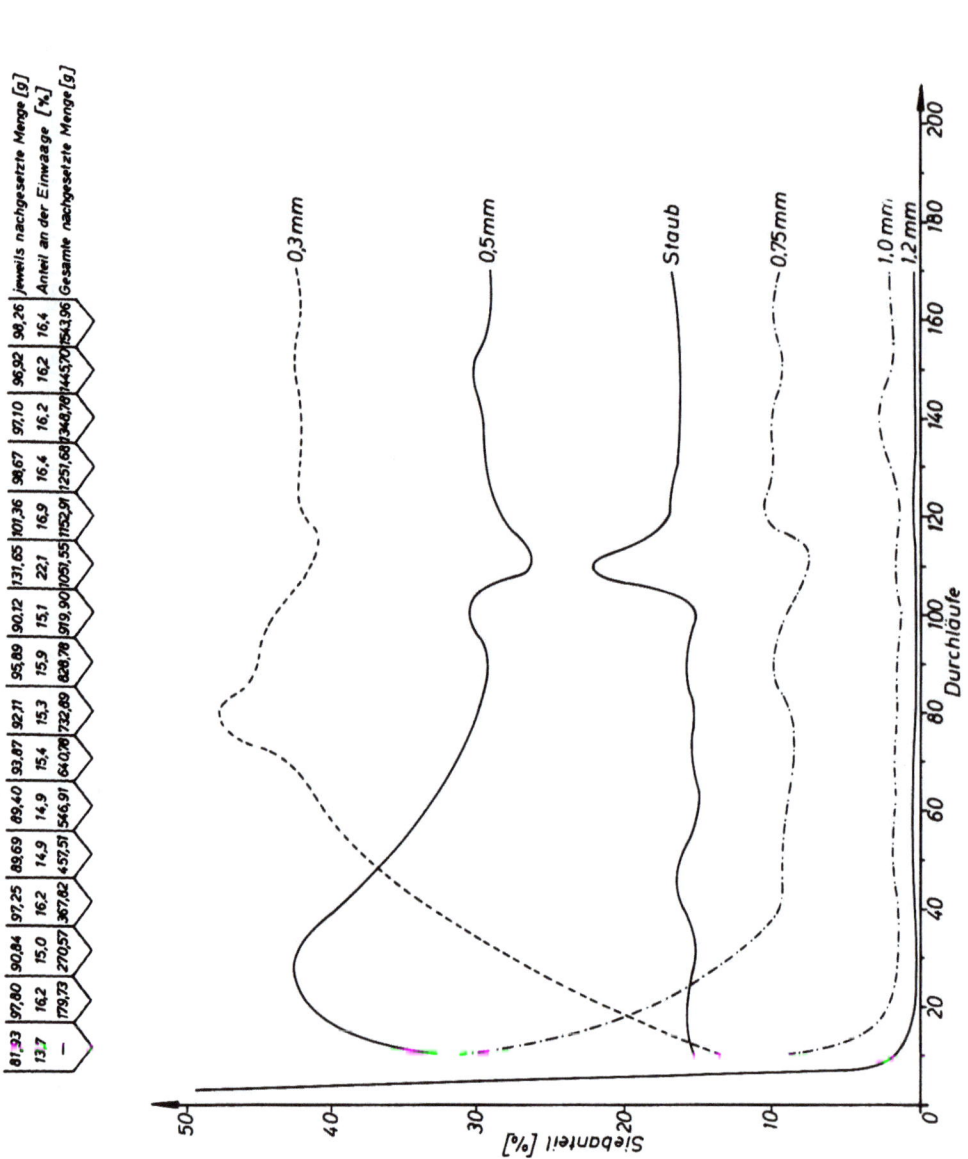

Abbildung 51

Körnungsverteilung bei Untersuchung der theoretischen Betriebslebensdauer.
L_{B-s}-S120GH/30 Strahlmittel: Hartgußschrot 120

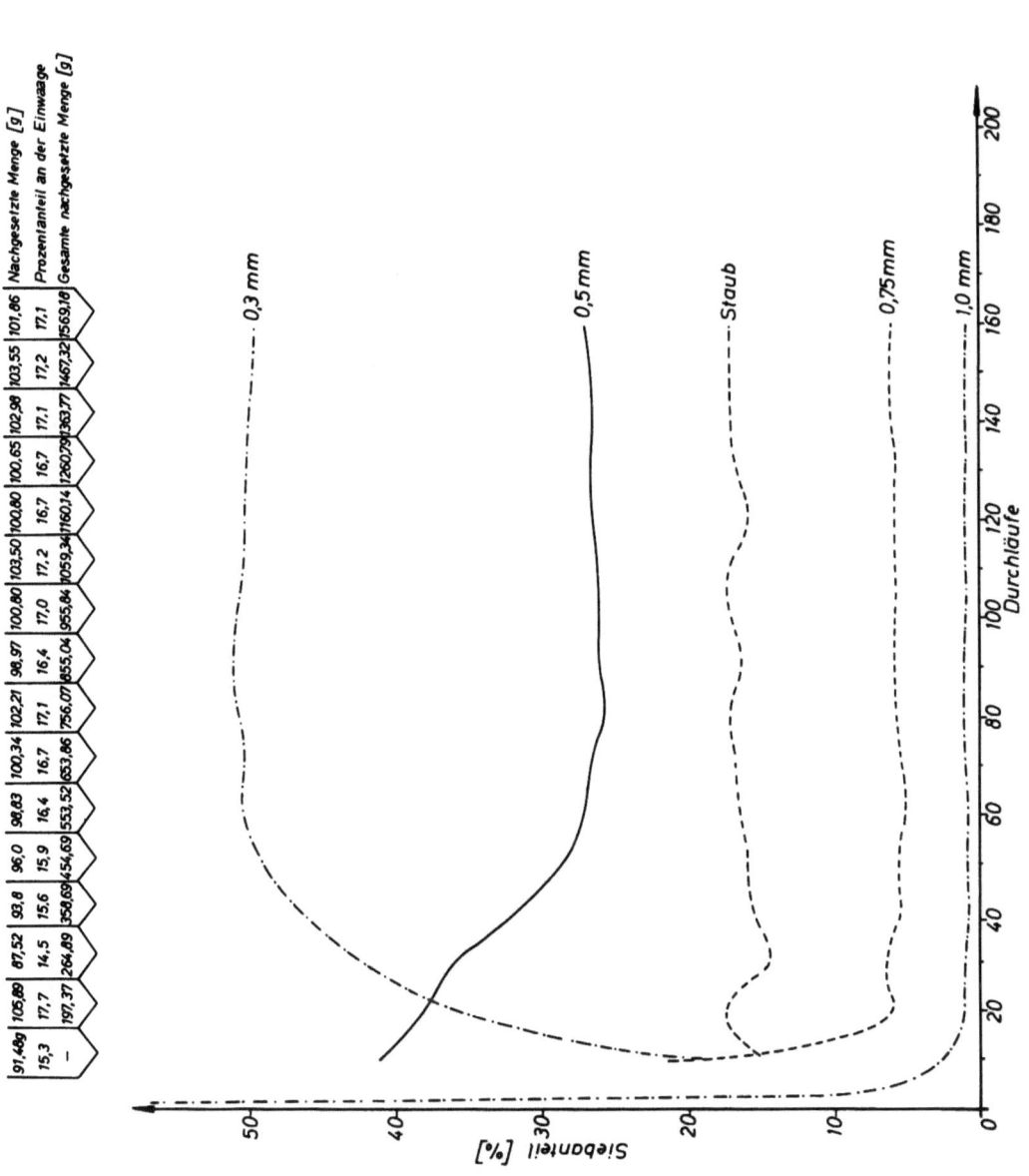

Abbildung 52
Körnungsverteilung bei Untersuchung der theoretischen Betriebslebensdauer.
$L_{B-S-S75GH/30}$ Strahlmittel: Hartgußschrot 75

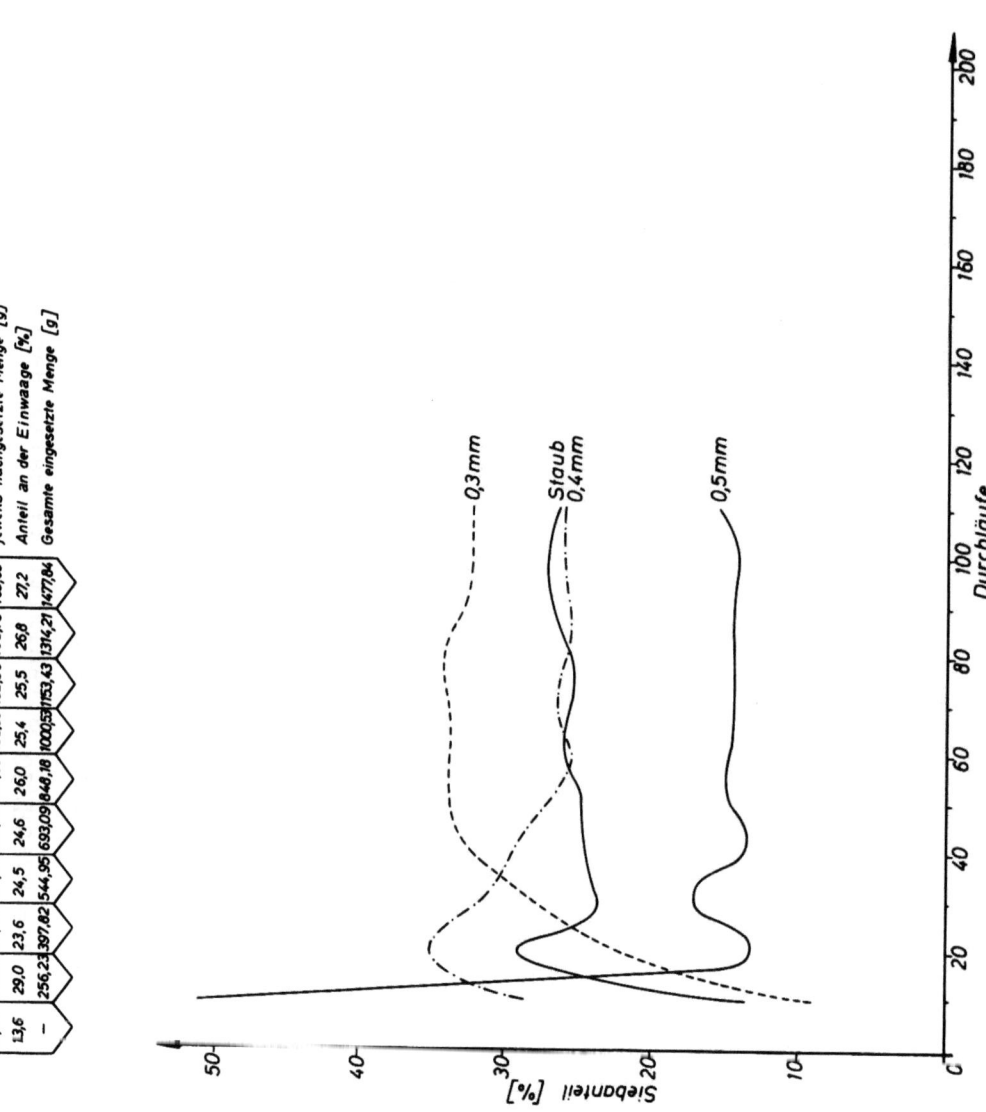

Abbildung 53

Körnungsverteilung bei Untersuchung der theoretischen Betriebslebensdauer.
$L_{B-s-S50GH/30}$ Strahlmittel: Hartgußschrot 50

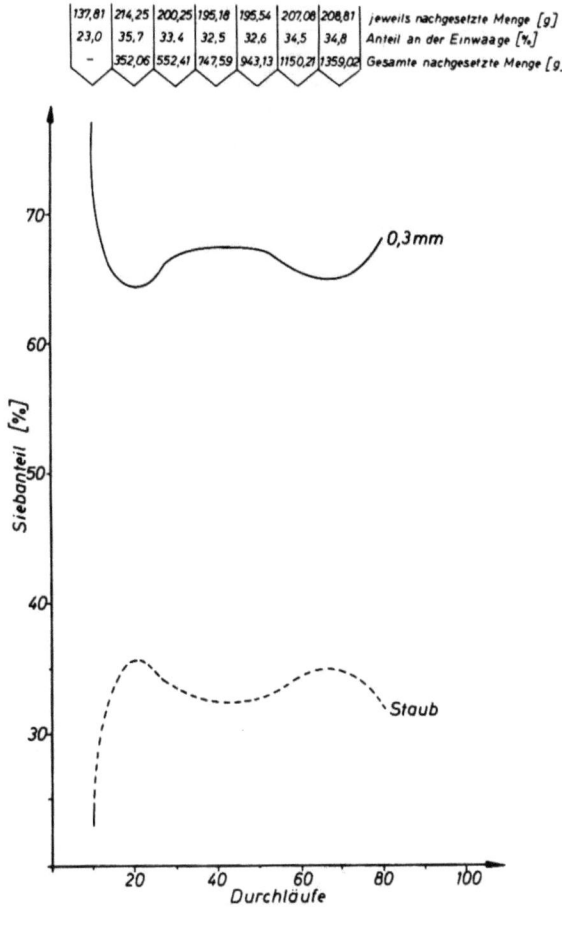

Abbildung 54

Körnungsverteilung bei Untersuchung der theoretischen Betriebslebensdauer. $L_{B-s-S30GH/30}$ Strahlmittel: Hartgußschrot 30

graphischer Darstellung. Abbildung 55 faßt die in Tabelle 15 zusammengetragenen Werte der theoretischen Betriebslebensdauer aus den Diagrammen 50 bis 54 zusammen und veranschaulicht sie. Es ist hierbei nochmals darauf zu verweisen, daß in diesem Fall stets Sollkorn gefahren wurde, nicht also Istkorn der Anlieferung. Zur Beurteilung der Materialgüte selbst glaubt der Berichter, daß zweckmäßigerweise Sollkorn zu fahren ist. Für die betriebliche Auswertung aber kann sicher nur Istkorn herangezogen werden. Es erscheint kaum möglich, für die erforderlichen Maschinenfüllungen im Betrieb Sollkorn zu erstellen.

Jedoch ist es für die Betriebslebensdauer nicht so ausschlaggebend, Sollkorn zu fahren, wie dies für die theoretische Lebensdauer auf jeden Fall erforderlich erscheint.

Tabelle 15

Protokollauswertung der theoretischen Betriebslebensdauer von Hartgußschrot
Verwendete Prüfeinrichtung: Versuchsschleuderstrahlmaschine KP 1

Spalte 1	2	3	4	5	6	7	8	9	10	11.	12
Körnung	1 x Verbrauch Dlf	1,5 x Verbrauch Dlf	Lebens-dauer Dlf 2x(Spalte 3-2)	2 x Verbrauch Dlf	Lebens-dauer Dlf 2x(Spalte 5-3)	Lebens-dauer Dlf (Spalte 5-2)	2,5 x Verbrauch Dlf	Lebens-dauer Dlf 2x(Spalte 8-5)	Lebens-dauer Dlf (Spalte 8-3)	Lebens-dauer 2/3 (Spalte 8-2)	theor. Betr lebens-dauer Dlf
1,5-2,0	67	101	68	133	64	66	164	62	63	64	64
1,2-1,5	66	98	64	126	56	60	156	60	58	60	60
1,0-1,2	63	92	58	122	60	59	151	58	58	57	50
0,5-0,75	43	63	40	83	40	40	102	38	39	39	40
0,3-0,5	32	47	30	62	30	30	77	30	30	30	30

Es zeigt sich, daß die Lebensdauer bei kleineren Abmessungen auch geringer ist, was der Anschauung und der betrieblichen Vorstellung entspricht. Die ermittelten Kennwerte sind "folgerichtig".

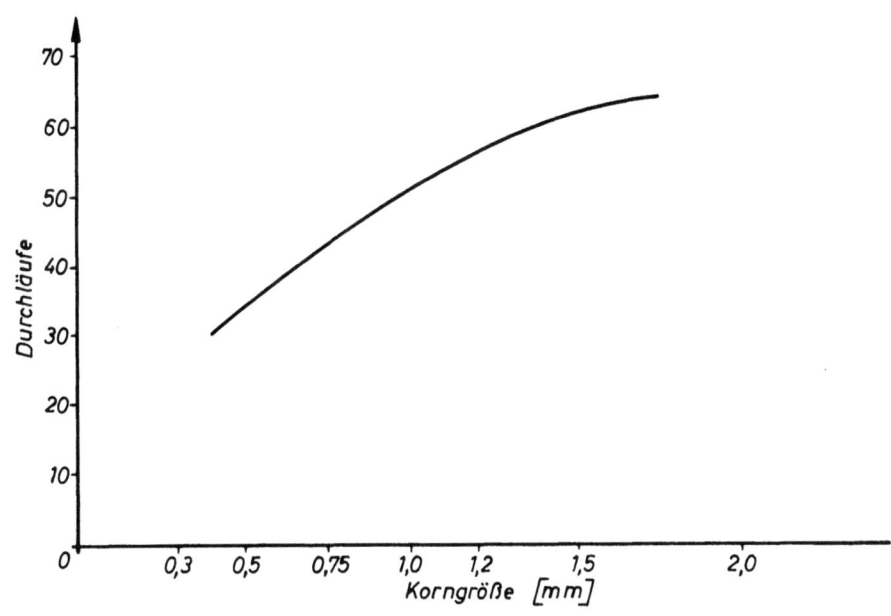

Abbildung 55

Theoretische Betriebslebensdauer von Hartgußschrot
verschiedener Körnungen

Schließlich ist der Anteil des Staubes, also des bei jeder Siebung auszuscheidenden Materials bei großer Lebensdauer geringer. Daher wurde bereits an anderer Stelle die Folgerung gezogen [2], daß der Staubanfall bei einer Untersuchung vielfach ein besseres Bild über das betriebliche Verhalten der Materialien gibt als viele sonst diskutierte Versuchsergebnisse. Der Staub ist nämlich der Materialanteil, der bereits voll durch Verschleiß sich ergeben hat. Dabei ist es gleichgültig, welche der hier unter Abschnitt 4 und 5 beschriebenen Methoden zur Anwendung kommt.

Die Reproduzierbarkeit der Nachsetzmethode zur Ermittlung der Betriebslebensdauer wurde gleichfalls in einem Parallelversuch zu den oben angeführten Versuchen auf der +GF+-Prüfkabine geprüft. Die Gegenüberstellung dieser Versuche zeigt die Tabelle 16. Besonders die Auswertung der Tabelle 15 zeigt, daß die Kennwerte der theoretischen Betriebslebensdauer nach dem ersten Nachsetzen weitgehend konstant bleiben. Daher ist in Verbindung mit Tabelle 16 abzuleiten, daß die Reproduzierbarkeit dieser Versuche gleichfalls gegeben ist.

Tabelle 16

Vergleich zweier Versuche zur Ermittlung der theoretischen Betriebslebensdauer für das gleiche Hartgußschrot auf der Versuchsschleuderstrahlmaschine KP 1 Gegenüberstellung von zwei Versuchen nach der Nachsetzmethode

Dlf Siebgr.	20 I	20 II	40 I	40 II	60 I	60 II	80 I	80 II	100 I	100 II
1,5	0,05 %	0,08	0,04 %	0,05	0,05	0,04	0,05	0,04	0,07	0,07
1,2	0,8 %	2,0	0,66 %	1,04	0,7	0,62	0,78	0,83	0,69	0,94
1,0	5 %	10,6	3 %	3,81	2,82	2,44	2,77	3,0	2,65	3,07
0,75	26,8 %	13,0	15,6 %	14,85	13,3	14,40	12	12,30	13,43	12,27
0,5	32,15 %	27,5	37,8 %	37,17	33,5	37,50	30,8	34,10	27	29,69
0,3	18,9 %	4,8	28,6 %	31,75	35,5	31,32	39,8	37,10	41	39,97
0,3 Staub	16,30 %	13,2	14,3 %	11,33	14,23 % 1x nachgesetzt	13,68	13,8 %	12,63 1x nachgesetzt	15,16	13,99

	120 I	120 II	140 I	140 II	160 I	160 II	180 I	180 II	200 I	200 II
0,06	0,05	0,05	0,06	0,04	0,07	0,03	0,08	–	0,03
0,65	0,70	0,87	0,90	0,75	0,82	0,45	0,90	–	0,17
3,05	3,09	3,12	3,18	3,25	3,18	2,08	3,19	–	1,26
12,2	12,17	12,6	12,93	12,30	13,50	10,62	13,13	–	9,28
27,7	26,56	26,8	26,80	27,50	27,03	26,30	27,51	–	24,98
41	41,08	40,5	40,85	39,70	40,31	39,0	39,98	–	39,23
15,34	16,35	16,06	15,26	16,46	15,09	21,52 2 1/2 x nachges.	15,21	–	25,05 2 1/2 x nachges.

5.2 Theoretische Lebensdauer

Bei der Untersuchung in Testmaschinen bietet sich praktisch von allein eine Versuchs-Durchführung an. Nach einer festgelegten Anzahl von Durchgängen wird eine Siebanalyse ausgeführt, deren Ergebnis registriert wird. Fraglich ist nur, wie die Ergebnisse ausgewertet und verglichen werden sollen. ROSSIN-RAMMLER gaben in ihrem Körnungsnetz eine Methode an, um ein Korngemenge darzustellen und mit Hilfe einer mittleren Körnung eine Beschreibung vorzunehmen. Dabei ist aber vorausgesetzt, daß entweder ein natürlich entstandenes Gemisch vorliegt oder ein Brechvorgang untersucht wird.

Durch Reihen-Untersuchungen wurde von der Firma AMERICAN WHEELABRATOR AND EQUIPMENT CO [25] ermittelt, daß als eine repräsentative Meßzahl für die Lebensdauer eines Schrots diejenige Durchlaufzahl angegeben werden kann, bei der noch 45 % der Ausgangsgröße vorhanden ist. Nähere Ausführungen hierzu macht E. BICKEL [26], ändert aber selbst diesen Wert auf 50 %, ohne daß für diesen Schritt eine umfassende Erklärung gegeben wird. In der nachstehenden Tabelle sind für verschiedene Proben die Lebensdauer-Kennwerte für $L_{th-s-45}$ und $L_{th-s-50}$ aus dem gleichen Versuch gegenüber gestellt. Spalte 4 zeigt, daß kein festes Verhältnis L_{50} / L_{45} besteht. Das bedeutet, daß die Güte unterschiedliche Werte ergibt, ob Kennwerte L_{45} oder L_{50} verglichen werden. Das Verhältnis "ν_{th}" zweier Strahlmittel und damit die Ansicht über die Güte der Strahlmittel untereinander ist unterschiedlich, wenn als Kennwert 45 oder 50 % Rückstand des Ausgangskorns zugrundegelegt werden. Andererseits aber zeigt diese Überlegung, daß es keinen absoluten Gütevergleich mit Hilfe dieses Verfahrens gibt. Es ist also nicht möglich, aus den Werten der theoretischen Lebensdauer festzustellen, daß das Material "A" n-mal so gut wie das Material "B" ist. Sicher ist nur anzuführen, daß unter den Bedingungen des Versuches der gewählte Kennwert für das Material "A" n-mal so hoch wie der des Materials "B" liegt. Somit erhebt sich die Frage, in welcher Weise dieser Kennwert eine Aussagefähigkeit für den praktischen Einsatz des Strahlmittels liefern kann.

Daher sind Vergleichsmessungen durchzuführen, die praktische und theoretische Betriebslebensdauer gegenüberstellen und zusätzlich noch die theoretische Lebensdauer verwenden. Erst wenn eine Vielzahl derartiger Versuchsergebnisse vorliegen, wird es möglich sein, eine Aussage darüber zu machen, was aus dem theoretischen Lebensdauer-Kennwert abgelesen werden kann. Derartige Vergleiche unter Einsatz verschiedener Materialien sind leider nur in zwei Fällen bekannt [28], [26].

E. BICKEL [26] machte darauf aufmerksam, daß es dem Untersuchenden frei bleibt, einen beliebigen Zustand des Verschleißes als Grundlage des Vergleichs zu wählen. Eine beliebige Ausgangskörnung kann danach bis zu einem gewünschten Verschleißzustand herunter gefahren werden. Dieser Verschleißzustand ist dadurch zu kennzeichnen, daß man den Prozentanteil angibt, der auf einem gewählten Sieb liegen bleiben soll.

Unter Anlehnung an diese Darstellung läßt sich die theoretische Lebensdauer definieren [37].

Die theoretische Lebensdauer "L_{th}" ist die Durchlaufzahl eines Strahlmittels durch eine Testmaschine bis zum gewünschten Verschleiß. Sie ist ein direkt ermittelter Kennwert K_1.

Um die verschiedenen Auswertmöglichkeiten bereits im Kennwert festhalten zu können, wird eine an die Darstellung der theoretischen Betriebslebensdauer angelehnte - oder auch erweiterte - Schreibweise benutzt.

$$L_{th-c-k};\ a/b = k_1\ \text{Durchläufe}$$

Wieder müssen die näheren Angaben gemacht werden, die für die theoretische Betriebslebensdauer anzugeben sind.

Zusätzlich bedeuten:

  c hier ist "s" einzusetzen, wenn Sollkorn und "i", wenn
     Istkorn gefahren wird.

  K Prozentsatz des Rückstandes auf dem Prüfsieb "b",
     das frei wählbar ist

  a Körnungs- und Strahlmittelkennzeichnung nach Norm
     oder VDG-Merkblatt (siehe Anlage)

  b Prüfsieb in Hundertstel mm

Somit wäre für die vorgeschlagene Teil-Verschleiß-Methode nach Wheelabrator für Hartgußschrot 120 zu schreiben, wenn Sollkorn gefahren wurde:

$$L_{th-s-45};\ S\ 120\ GH/120 = k_1\ \text{Durchläufe}$$

Eine dem Nachsetzverfahren ähnliche Überlegung liegt vor, wenn solange gefahren wird, bis alles Material durch ein gewähltes Kleinstsieb hindurchfällt. In diesem Fall ist zu prüfen, ob bei jeder Zwischenanalyse all die Anteile ausgeschieden werden können, die bereits durch das gewählte Kleinstsieb fallen. Die Schreibweise dieses Kennwertes für das vorher verwendete Material wäre dann z.B.

$$L_{th-s-0}; S\ 120\ GH/30 = 3\ 500\ \text{Durchläufe}$$

Die Schwierigkeit dieser Prüfung besteht darin, daß die Durchlaufzahl zu groß wird. Dazu wird mit zunehmender Versuchsdauer die umlaufende Materialmenge stets kleiner. Für die Aufschreibung und Auswertung sind dann zusätzliche Rechnungen erforderlich.

In den nachfolgenden Tabellen 17 bis 20 und Diagrammen Abbildungen 56 bis 59 sind für das gleiche Material die hier angezogenen Lebensdauer-Kennwerte parallel ermittelt worden.

<u>T a b e l l e   17</u>

Vollverschleißuntersuchung für Hartgußschrot S 50

Ermittlung von L_{th-s-o} ; S 75 GH/50

Körnung \ Dlf	10 [%]	20 [%]	30 [%]	40 [%]	50 [%]	60 [%]
0,5	45,53	7,05	1,9†	0,48	0,26	0
0,4	27,6	29,2	18,3	10,7	5,8	3,0
0,3	11,5	22,0	24,5	23,3	19,4	15,7
0,3	15,1	37,4	48,0	54,0	59,1	62,4

<u>T a b e l l e   18</u>

Vollverschleißuntersuchung für Hartgußschrot S 75

Ermittlung von L_{th-s-o} ; S 75 GH/50

Körnung \ Dlf	10 [%]	30 [%]	50 [%]	70 [%]	90 [%]	110 [%]
0,75	38,6	5,34	-	-	-	-
0,5	34,7	24,8	8,2	2,5	0,7	0
0,3	15,88	35,7	35,0	28,0	19,4	12,4
< 0,3	9,95	31,4	41,2	47,1	50,4	51,7

Tabelle 19

Vollverschleißuntersuchung für Hartgußschrot S 100

Ermittlung von L_{th-s-o} ; S 100 GH/50

Körnung \ Dlf	10 [%]	30 [%]	50 [%]	70 [%]	90 [%]	100 [%]	110 [%]	120 [%]
1,0	3,02	0,4	0,1	-	-	-	-	-
0,75	23,5	1,71	0,44	0,21	-	-	-	-
0,5	40,8	28,7	12,7	4,35	1,15	0,53	0,25	0
0,3	18,4	30,5	32,0	27,9	20,8	17,2	14,0	11,0
0,3	12,82	30,01	34,7	42,0	46,0	46,7	47,3	47,3

Tabelle 20

Vollverschleißuntersuchung für Hartgußschrot S 120

Ermittlung von L_{th-s-o} ; S 120 GH/50

Körnung \ Dlf	10 [%]	30 [%]	50 [%]	70 [%]	90 [%]	110 [%]	120 [%]	130 [%]
1,2	1,0	0,4	0,2	-	-	-	-	-
1,0	8,16	0,5	0,3	0,01	-	-	-	-
0,75	29,0	5,35	2,58	0,6	0,02	-	-	-
0,5	33,4	31,8	17,7	7,2	2,53	0,71	0,6	0
0,3	14,2	24,4	26,8	25,0	20,01	14,5	11,5	9,46
0,3	13,0	29,4	37,5	42,5	45,2	46,1	45,9	45,3

Abbildung 60 zeigt die Gegenüberstellung der theoretischen Betriebslebensdauer mit der theoretischen Sollkornlebensdauer für die verschiedenen Korngrößen. Bei der theoretischen Lebensdauer ist das Teilverschleiß-Verfahren nach Wheelabrator neben der Voll-Verschleiß-Methode aufgeführt.

Die Lebensdauer-Kennwerte für die "Wheelabrator-Methode" zeigen mit wachsender Korngröße abnehmende Werte. Diese Tendenz der Lebensdauer läuft dem Verbrauch entgegen. Die Kennwerte sind also nicht folgerichtig in bezug auf die Betriebspraxis. Für die Voll-Verschleißmethode ist die Gleichsinnigkeit mit der theoretischen Betriebslebensdauer gegeben, wie es auch der Anschauung über den Verbrauch an Strahlmitteln unterschiedlicher Körnungen entspricht. Somit werden sich theoretische Betriebslebensdauer oder die Voll-Verschleiß-Messung besser für die Beurteilung eignen können.

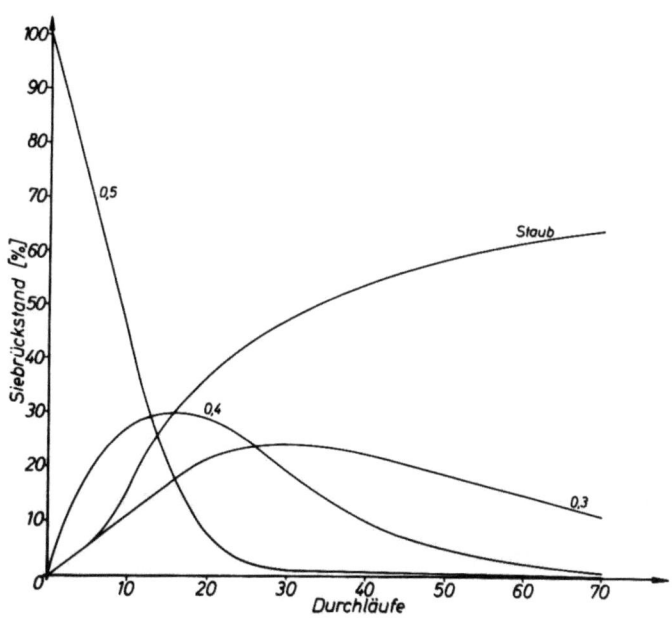

Abbildung 56

Korngrößenverteilung bei Untersuchung der theoretischen Lebensdauer L_{th-s-0}; S50GH/50 Strahlmittel: Hartgußschrot 50-Sollkorn

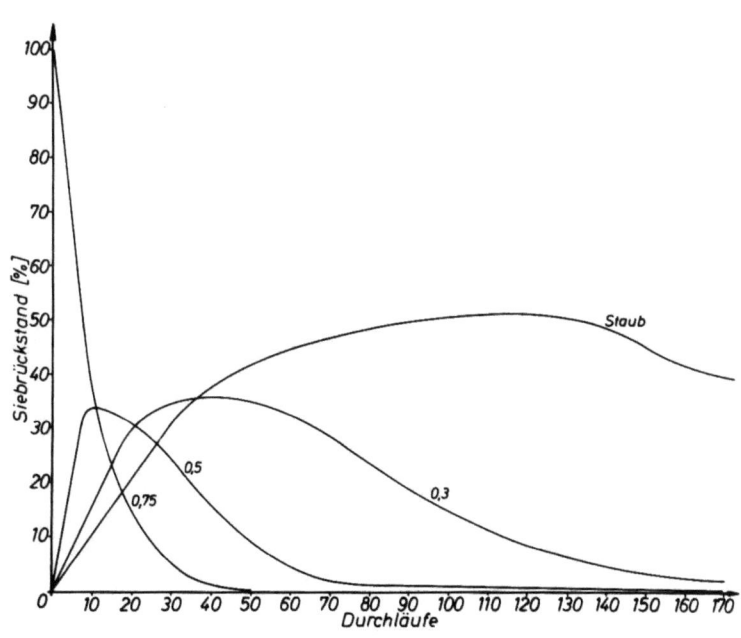

Abbildung 57

Korngrößenverteilung bei Untersuchung der theoretischen Lebensdauer L_{th-s-0}; S75GH/50 Strahlmittel: Hartgußschrot 75-Sollkorn

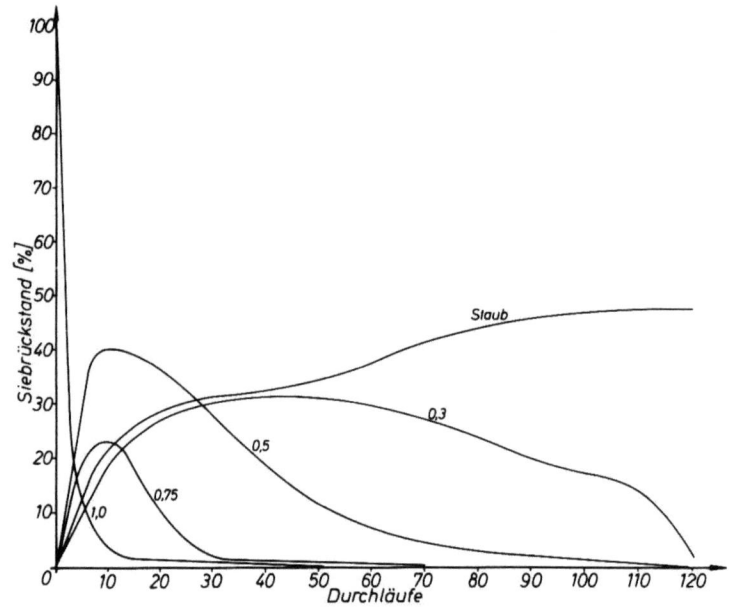

A b b i l d u n g 58

Korngrößenverteilung bei Untersuchung der theoretischen Lebensdauer L_{th-s-0}; S100GH/50 Strahlmittel: Hartgußschrot 100-Sollkorn

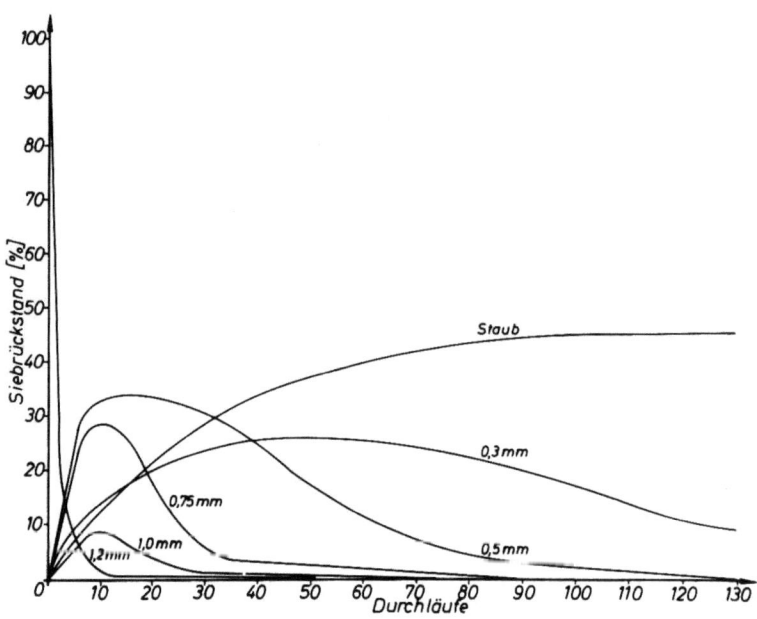

A b b i l d u n g 59

Korngrößenverteilung bei Untersuchung der theoretischen Lebensdauer L_{th-s-0}; S120GH/50 Strahlmittel: Hartgußschrot 120-Sollkorn

Als Ergebnis ist also zu erkennen, daß diese Gegenüberstellung die Problematik der Kennwert-Festsetzung aufzeigt. Es muß also, um zu einer Aussage über den Wert der Bestimmung der theoretischen Lebensdauer zu kommen, der Vergleich mit der betrieblichen Praxis auf jeden Fall

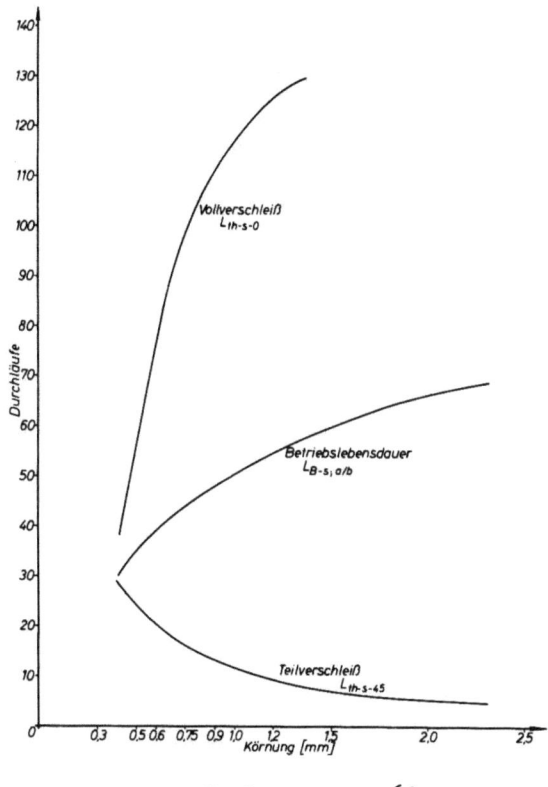

A b b i l d u n g   60

Gegenüberstellung von theoretischer Betriebslebensdauer und
theoretischer Lebensdauer für Voll- und Teilverschleiß
Strahlmittel: Hartgußschrot aller Körnungen

durchgeführt werden. Es fehlt hier die parallele Ermittlung der Betriebslebensdauer. Diese Feststellung ist die wesentlichste Erkenntnis, die der Berichter aus der Fülle der angestellten Versuche gezogen hat. Jedoch wird allgemein vor dem sich abzeichnenden Versuchsaufwand zurückgeschreckt. Die Erfahrung der vorliegenden Versuchszeit aber zeigt mit Deutlichkeit, daß Vergleichsversuche allein die Bedeutung der einzelnen Prüfverfahren werden klären können. Dabei werden jeweils die Werte zu ermitteln sein, bei denen praktische und theoretische Betriebslebensdauer und die theoretische Lebensdauer nach Wheelabrator und nach der Voll-Verschleißmethode gegenüber zu stellen sind.

Ohne diese Grundsatzversuche aber irgendeine dieser Methoden als "geeignet" für den Güte-Vergleich verschiedener Strahlmittel oder des gleichen Strahlmittels in verschiedenen Maschinen herauszustellen, erscheint dem Berichter sehr kritisch. Schwierigkeiten sind besonders zu erwarten, wenn eine Güte-Beurteilung für zwei unterschiedliche Körnungen abzugeben ist. Die ist z.B. schon gegeben, wenn bei sonst gleichen Angaben bei Drahtkorn die Kornzahlen je Gramm sich etwa wie

1 : 1,5 verhalten. In diesem Fall ist bereits mit Sicherheit von "anderer Körnung" zu sprechen. Schließlich ist es kaum möglich, darüber eine Aussage zu machen, wie sich zwei gleiche Körnungen verhalten werden, wenn z.B. in der Testeinrichtung vorwiegend Oberflächenverschleiß, in der Betriebsmaschine aber Splittern zu verzeichnen ist. Jedoch kann der erfahrene Prüfer aus den Kennwerten der Teil-Verschleißprüfung auf **seiner** Maschine eine Aussage über das Verhalten an anderer Stelle machen. Er muß dabei sein Wissen um den betrieblichen Einsatz aller Strahlmittel und Sorten und die ihm bekannten spezifischen und relativen Verbrauchszahlen mit in Rechnung stellen, um aus der Beobachtung des Versuchs zu einer Güte-Aussage für das untersuchte Strahlmittel zu kommen.

Die theoretische Lebensdauer aber hat ihre Bedeutung für die Abnahme und für die Weiterentwicklung der Strahlmittel. Hierbei ist besonders die "Wheelabrator-Methode" zu empfehlen, da sie den kürzesten Aufwand erfordert. Mit ihr läßt sich für den Abnehmer die Gleichmäßigkeit der jeweiligen Anlieferung in Kürze bestimmen. Bei den verwendeten Maschinen ist dabei in der Regel Wirk- und Verschleißprüfung in einem Arbeitsgang durchzuführen.

Für diese Aufgabe ist es heute schon möglich, Richtwerte zu erstellen. Der Lieferer kann für seine Strahlmittelsorte eine Kennlinie der Lebensdauerwerte in Abhängigkeit von der Korngröße herausgeben. Um diese Kennlinie herum ist ein Streubereich festzulegen, in dem die Kennwerte einer Körnung dieser Materialart liegen dürfen. Bei dieser Festlegung muß weiter angegeben werden, welche Testmaschine benutzt wurde unter genauer Festlegung der sonstigen Versuchsbedingungen. Nicht versäumt werden darf, die gleiche Siebmethodik festzulegen, wie es in Abschnitt 3.4 behandelt wurde. Der Berichter schlägt vor, eine Siebmaschine in ihrer Ausführung zu normen. Dann wären nur noch Siebbelastung und Siebzeit zusätzlich festzulegen, um annehmbare Vergleichssiebungen zu erhalten.

Diese Richt-Kennwerte lassen es aber nicht zu, die Einsatzerfolge verschiedener Hersteller zu vergleichen. Dies scheint nur dann möglich, wenn gleiche Körnungen verglichen werden und die Testmaschine in ihrer Wirkung mit der im Betrieb eingesetzten Strahlanlage identisch ist. Aus dem Teil-Verschleiß-Kennwert auf die Wirkung verschiedener Körnungen zu schließen oder die Wirkung gleicher Körnungen zu vergleichen, wenn die Betriebsmaschine eine andersartige Strahleinrichtung benutzt (z.B. abweichende Strahlgeschwindigkeit), ist sicher heute noch nicht durchführbar.

Einen Gütevergleich aber erhält man, wenn die gleiche Körnung auf einer Testmaschine untersucht wird, deren Verhalten sich mit der der Betriebsmaschine deckt. Die sich hier ergebenden Proportionalitätsfaktoren sind jedoch nur in Vergleichsreihen bei verschiedenen Benutzern der Betriebsmaschinen herzustellen. Diese Gemeinschaftsaufgabe sollte zur Klärung der Zusammenhänge möglichst bald in Angriff genommen werden.

Wird die Teilverschleißmethode zur Weiterentwicklung einer Strahlmittelsorte verwendet, so darf sicher kein Einzelkennwert ermittelt werden. Neben einer theoretischen Voll-Verschleiß-Messung sollte eine Teil-Verschleiß-Kennlinie erstellt werden. Sie gibt den gleichen Kennwert als Funktion der Strahlmittel-Geschwindigkeit an, wie es Abbildung 61 schematisch veranschaulicht. Bei Verwendung eines Einzelkennwertes würde die erstellte Strahlmittelart allein für eine ausgewählte Maschinenart abgestimmt werden.

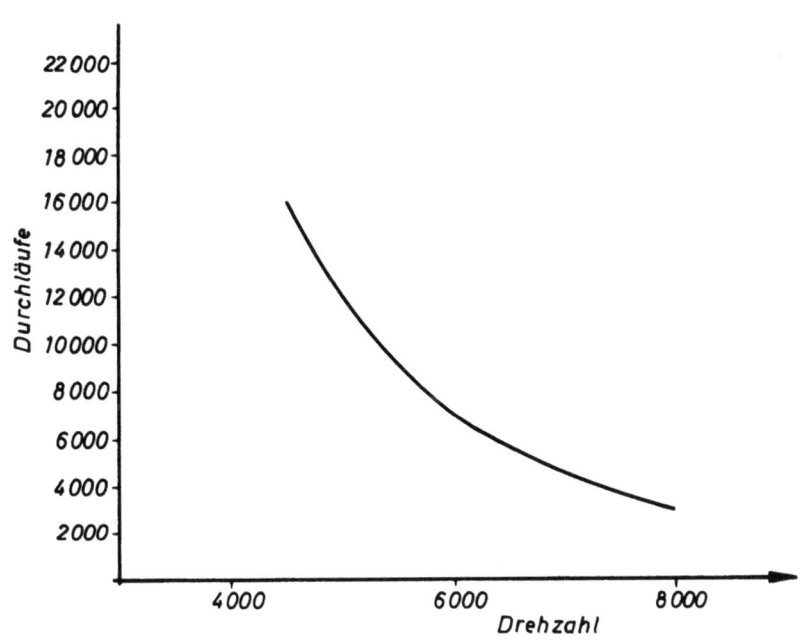

A b b i l d u n g   61
Lebensdauercharakteristik einer Strahlmittelkörnung
Strahlmittel: Stahldrahtkorn 60

Die Möglichkeit, mit einer Standard-Maschinen-Einstellung für die Testeinrichtung auszukommen, ist in den USA wohl vertretbar. Dort sind vornehmlich zwei Maschinenkonstruktionen anzutreffen, die sich in bezug auf die markanteste Maschinenkenngröße, nämlich in der Strahlmittelgeschwindigkeit, ziemlich gleichen. Daher ist es auch dort vertretbar, die Testmaschinen mit nur einer Geschwindigkeit auszulegen. Für uns und für die Forschung erhebt sich somit die Forderung, Testeinrichtungen mit veränderlicher Strahlgeschwindigkeit auszurüsten. Bei der Labor-Untersuchung war zuerst festzulegen, ob die in den Testmaschinen zu ermittelnden Werte reproduzierbar sind. Nach anfänglichen erheblichen Mißerfolgen ließ sich dann eine Methode finden, die zur Reproduzierbarkeit führt. Anfänglich setzte der Berichter Ist-Korn einer Anlieferung ein. Wird dabei der Normal-Betriebszustand der Maschine nicht geändert - z.B. sind verschlissene Schaufeln, ausgearbeitete Prallplatten, ungleiche Zulaufmenge und damit nicht konstante Durchsatzmengen bereits Abweichungen vom Normalbetrieb - so ist die Reproduzierbarkeit allein eine Frage der Probenahme und der Güte der Siebung. Als Folge wird daher verlangt, daß beide Arbeiten peinlich genau und stets gleich durchgeführt werden. Allein schon der Wechsel des Laboranten kann zu erheblichen Abweichungen führen (z.B. bei der Durchführung der Probennahmen).

Die weiteren Untersuchungen ergaben, daß zu Beginn der Versuchszeit auf Grund der Ist-Kornuntersuchungen keine Güte-Aussagen aus den ermittelten Kennwerten zu machen waren. Der Grund dafür ist aus Tabelle 4 zu entnehmen. Die so stark schwankenden Soll-Kornanteile verändern die Lage des Kennwertes so stark, daß keine Aussage mehr zu machen ist. Die Abhilfe ergab sich, indem nur Soll-Korn gefahren wurde und die Teil-Verschleißmessung nach "Wheelabrator" verwendet wurde. Diese Methode wird sicher heute fast allgemein benutzt. Bei Verwendung der gleichen Siebtechnik wird aus der Anlieferung auch verschiedener Hersteller etwa ein gleichartiges Sollkorn geliefert. Auszählungen der Kornzahl je Gramm, Tabelle 21, haben für Schrot der gleichen Kornbezeichnung innerhalb der gleichen Kornform keine zu großen Abweichungen ergeben. Aber bei Kies tritt die unterschiedliche Kornform, wie sie durch die Abbildungen 35 II a-f veranschaulicht sind, schon erheblich in Erscheinung und kann zu Sprüngen in den zu erwartenden Lebensdauer-Kurven führen. So zeigt Abbildung 62 die Charakteristik von Schrot eines Herstellers auf einer bestimmten Prüfmaschine, in die gleiche Abbildung ist auch die Kennlinie für Kies einer Stichanlieferung gezeigt. Deutlich treten hier die Störungen hervor, die durch die Kornabweichungen zum Teil zu erklären sind.

Tabelle 21

Kornzahlen bei verschiedener Kornform von Schrot und Kies 120
Mittlere Kornzahl bei Granulaten

Strahl-mittel art	Kornzahl Stck/g	Bild	Körnungscharakter
S 120	92	35 Ia	gut rund
S 120	93	35 Ib	mit Hohlkugeln u. Schwänzen
S 120	82	35 Ic	spratzig
K 120	65	35 IIa	Kugelbruch
K 120	83	35 IIb	kantig
K 120	140	35 IIc	scheibenförmig
K 120	72*)	35 IId	splittrig
K 120	84	35 IIe	gemischt
K 120	76	35 IIf	gerundet

*) Körner sind länger als die Nennabmessung, deshalb das hohe Korngewicht.

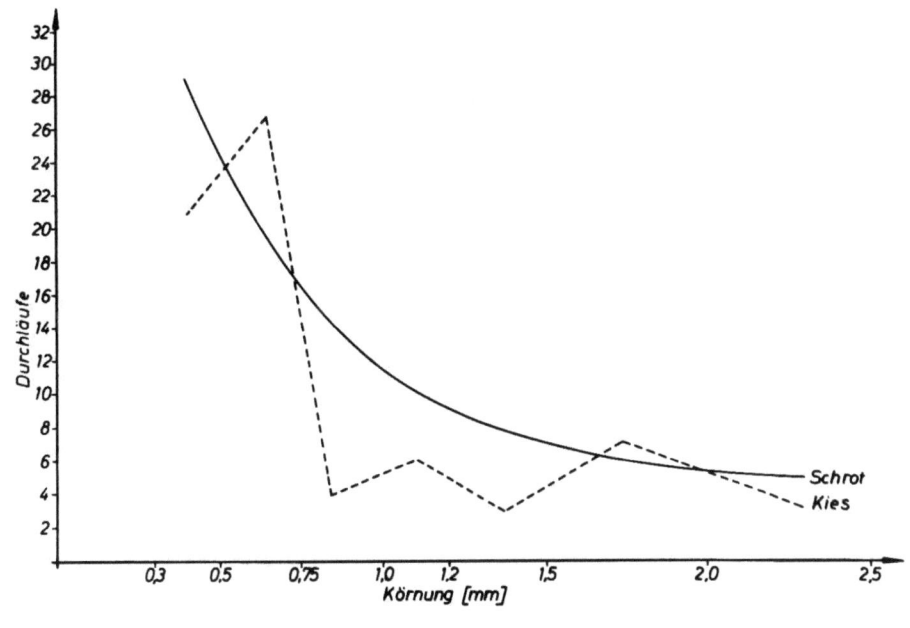

Abbildung 62

Theoretische Lebensdauer bei Teilverschleiß für Hartgußschrot und -kies

Drahtkorn bereitet, wie der Berichter bereits 1954 [39] feststellte, spezielle Schwierigkeiten. Sie ergeben sich aus der Kornform und aus den

Maßtoleranzen. Die Teilverschleiß-Methode nach "Wheelabrator" ist in ihrer vollkommenen Form nicht anwendbar. Sollkorn eines Granulates ist ein Korngemenge, das in statistischer Verteilung ein Größen-Intervall zwischen dem Soll-Sieb und dem ersten Obersieb ausfüllt. Wie im vorherigen Absatz festgestellt wurde, ist diese Verteilung etwa gleichartig bei allen Herstellern. Es wird bei der Wheelabrator-Methode nun der Verschleißzustand herbeigeführt, bei dem noch 45 % der Sollkörnung auf dem Sollsieb liegen bleiben.

Die Schwierigkeit bei Drahtkorn kann dadurch veranschaulicht werden, daß eine Probe zu untersuchen ist, die mit 1,2 mm - einem üblichen Sollsieb - gekennzeichnet ist, durch zulässige Maßabweichungen aber völlig durch das Sieb 1,2 mm geht. Es ist schon nicht möglich, dieses Material, wenn es <u>genau</u> zylindrisch und ein Durchmesser-Längenverhältnis von 1 aufweist, mit einem Granulat der Sollkörnung 1,2 mm (Obersieb 1,5 mm) zu vergleichen. Die mittlere Sollkörnungsnummer ist z.B. bei Schrot festgestellt worden mit $k_{m-S}\ 120 = S_m 142$ ($K_{m-S} = 100 \sqrt{\frac{6}{\pi \cdot z \cdot \gamma}}$). Für Draht ist unter den o.a. Verhältnissen dann Nenn-Körnungsnummer und Istkörnungsnummer nur unwesentlich verschieden, z.B. $k_{m-D}\ 120 = D_m\ 118$. Es ist also unmöglich, hier den Verschleiß dadurch festzulegen, daß auf dem Sollsieb geprüft wird. Schon allein hierdurch weicht das Prüfen von Drahtkorn von dem der Granulate ab.

Wird die Körnungsstufung bei Granulaten nach den neuesten Vorschlägen so vorgenommen, daß sie der geometrischen Reihe folgt, so ist der erzielte Verschleiß jeder Körnung hier relativ etwa gleich. Jedoch stimmen die Stufungen bei Drahtkorn nicht mit denen der Granulate überein. Siebe aber sind im Handel nur für die Normabmessungen zu erhalten. Wird z.B. Drahtkorn 80 und Drahtkorn 60 zu untersuchen sein, so wird man als Prüfsieb in beiden Fällen ein Sieb mit 0,5 mm Maschenweite verwenden. Es ist ersichtlich, daß die sich so ergebenden Kennwerte bei gleichem Siebanteil auf Sieb 0,5 mm unter ganz anderen Voraussetzungen gefunden wurden.

Nicht ganz so kraß, aber gleichartig, liegen die Verhältnisse, wenn D 120 zu prüfen ist, aber bei zwei Anlieferungen - selbst des gleichen Fabrikanten - einmal $D_m\ 137$ und das andere Mal $D_m\ 109$ vorliegt. Beide Proben sollen sogar aus dem gleichen Draht geschnitten sein, nur daß jeweils die mittlere Länge verändert wurde. In dem gewählten Fall, der Extremwerten aus praktischer Beobachtung entspricht, verhalten sich die Massen der Körner wie 1 : 2. Daß hierbei selbst bei gleicher Prüfmethodik

Kennwerte sich ergeben, die keineswegs die Vermutung zulassen, daß gleichartiges Material verwendet wurde, ist sicher auch ohne Zahlenangaben einzusehen. Die Folgerung hieraus ist, daß für Drahtkorn ein anderes Verfahren zur Festsetzung des Kennwertes herangezogen werden muß. Der Berichter schlug daher vor [39], für diesen Zweck - oder auch generell - als Kennwert den Verschleißzustand zu wählen, bei dem das mittlere Korngewicht auf 65 % abgesunken ist. Die Notwendigkeit einer vom Teilverschleiß-Verfahren abweichenden Handhabung ist sicher auch daraus abzuleiten, daß andere Durchmesser-Längenverhältnisse als L : D = 1 gegebenenfalls zu untersuchen sind. Selbst wenn auf dem gleichen Prüfsieb dann verglichen wird, liegen bei unterschiedlichen Ausgangsabmessungen keine gleichartigen Körnungen vor, auch wenn die Prozentzahlen der Körnungen je Sieb die gleichen sind.

Seit langem prüfte der Berichter bei Drahtkorn daher Istkörnung. Zusätzlich wurde durch eine eingehende Eingangs-Analyse Kornzahl und Kornform mit zur Beurteilung herangezogen. Als Maß für die Beurteilung wurde in der Regel aller Fälle der Staubanfall gewählt. Dieses Verfahren hat sich in den Fällen als zweckmäßig erwiesen, in denen damit zu rechnen ist, daß auch in den Betriebsmaschinen vorwiegend Oberflächenverschleiß auftritt. Hierbei aber hat sich andererseits gezeigt, daß auch das Prüfen mit nur einer Geschwindigkeit leicht zu Fehlschlüssen führen kann. Ein Material kann bei geringer Geschwindigkeit einen hohen Widerstand gegen Oberflächenverschleiß aufweisen und wird daher gut beurteilt. Jedoch ist sein Widerstand gegen Ermüdungszerfall, gegen Längsaufreißen bei Drahtkorn, bei etwas höherer Geschwindigkeit recht niedrig. Arbeitet nun die Betriebsmaschine in diesem Bereich, was bei den unterschiedlichen Maschinentypen in Deutschland durchaus möglich ist, so wird sich das gut beurteilte Material in dieser Maschine nicht bewähren. Daher ist also die Kenn-Charakteristik erforderlich. Vielleicht genügt es bei Drahtkorn festzustellen, ob der Ermüdungszerfall in den heute üblichen Grenzen der Strahlgeschwindigkeit bereits auftritt.

Schließlich ist darauf zu verweisen, daß der Verschleißzustand eines Korngemenges nicht allein durch den Siebrückstand auf einem Prüfsieb zu kennzeichnen ist. Das bedeutet mit anderen Worten - (vgl. hierzu Seite 128 und Abbildung 62 dieses Abschnittes), daß die Körnungszusammensetzung bei gleichem Kennwert (des Verschleißzustandes) - nicht allein vom Material abhängt.

In Tabelle 14 wurden für das gleiche Material die Untersuchungsergebnisse auf zwei verschiedenen Maschinen gegenübergestellt. Tabelle 22 gibt das Ergebnis für ein untersuchtes Strahlmittel wieder. Es wurde auf der gleichen Testmaschine gefahren, nur daß die Strahlgeschwindigkeit geändert wurde. Die beiden Ergebnisse sind als Beispiel für viele gleichartige Versuche die Grundlage für die hier dargelegte Ansicht über die Aussagefähigkeit der Teilverschleiß-Prüfung. Sie sind auch die Begründung für die Forderung, keine Einzelkennwerte zu ermitteln, sondern Kennlinien in Abhängigkeit von der Strahlgeschwindigkeit. Sie stützen gleichfalls die Feststellung, daß Aussagen über die Güte und Wirkung eines Strahlmittels schwer zu geben sind, wenn die Verhältnisse der Betriebsmaschine von der der Testeinrichtung abweichen.

T a b e l l e   22

Siebanalyse von Stahldrahtkorn bei unterschiedlicher Strahlgeschwindigkeit für den Verschleißzustand L_{45}

Drehzahl / Siebgr.	8 000 Upm	6 000 Upm	4 500 Upm
0,4	45 %	45 %	45 %
0,3 - 0,4	10,5 %	13,5 %	11,5 %
0,2 - 0,3	12,5 %	3 %	-
0,2	1,5 %	1,5 %	-
Staub	20,5 %	37 %	43,5 %

6. Testmaschinen- und Einrichtungen

6.1 Fallhammer nach HURST

Die Einteilung der Prüfmaschinen von E. BICKEL [26] soll auch hier als Grundlage der Einteilung dienen. E. BICKEL unterscheidet für die Prüfung drei Methoden

    Stampfverfahren

        Das Strahlmittel wird durch einen Fallhammer zerstampft

    Wirbelverfahren

        Das Strahlmittel wird in einer Prallmühle durcheinander gewirbelt

Strahlverfahren

Die Körner werden wie in einer Betriebsmaschine durch Strahlwirkung beansprucht.

Bei dem letzteren ist dann noch zwischen Schleuderstrahlen und Druckluftstrahlen zu unterscheiden. Andere Prüfeinrichtungen sind bisher nicht bekannt geworden.

Setzt man voraus, daß Strahlmittelprüfungen nur zu vertretbaren Aussagen führen, wenn das Prüfverfahren möglichst eng den Praxisbedingungen entspricht, so ist damit bereits die Bedeutung der beiden ersten Gruppen umrissen. Sie können kaum für die Beurteilung von Strahlmittel-Eigenschaften in weiterem Sinne herangezogen werden. Da beide Geräte aber in der Entwicklung dieser Technik eine Rolle gespielt haben, sollen sie hier behandelt werden.

Der in Abbildung 6 dargestellte Fallhammer ist eine Nachkonstruktion auf Grund der Angaben von HURST [23] und sollte dazu dienen, die Fabrikation in Betrieben, die Hartgußstrahlmittel erzeugen, zu überwachen. Selbst die Möglichkeit, eine Weiterentwicklung von Hartguß zu unterbauen, scheint kritisch, aus den Gründen, die bei der Besprechung der Teil-Verschleißprüfung angeführt sind. Dort wird darauf verwiesen, daß die Betriebsnähe zwischen Testrad und Betriebsmaschine für die richtige Beurteilung eines Strahlmittels gegeben sein muß. Beim Stampfverfahren aber liegt nicht einmal Ähnlichkeit des Versuchsablaufes vor. Ist die Güte eines Strahlmittels im Betrieb erprobt, so läßt sich die Gleichmäßigkeit der Erzeugung gegebenenfalls überwachen. Da aber der Vergleich mit anderen zäheren Strahlmitteln zunehmend an Bedeutung gewonnen hat, so verliert ein Verfahren, das nur auf sehr spröde Strahlmittel angewendet werden kann, schon allein dadurch seine Bedeutung.

Der Fallhammer-Tester, der 1948 von J.E. HURST [23] beschrieben und auch angewendet wurde, besteht aus einem kleinen Mörser (1) aus gehärtetem Stahl, der die Probe aufnimmt, und einem Gleitstößel (2) ebenfalls aus gehärtetem Stahl. Ein Fallgewicht (3) gleitet an den Gleitstangen (4) herunter und übt auf den Stößel einen Schlag aus, der auf die Probe übertragen wird. Nach einer bestimmten Schlagzahl wird die Probe durch Sieben klassifiziert. Als Maßzahl wird das Verhältnis der Summe der Produkte von Maschenweite und Siebrückstand vor und nach dem Zerstampfen gewählt. Der sich ergebende Wert wird als "Crushing index" (Bruch-Kennziffer) bezeichnet.

Ein typisches Ergebnis der Siebanalyse vor und nach dem Bruchversuch in dem Prüfapparat gibt Tabelle 23 an.

Tabelle 23

Versuchsprotokoll zur Bestimmung des Crushing-Index nach HURST [23]

Spalte 1	2	3	4	5
Maschen	Anteil vor Versuch [%]	nach Versuch [%]	Produkt 1 · 2	Produkt 1 · 3
18	9	4	162	72
28	88	78	2464	2184
60	3	12	180	720
150	0	6	-	900
Crushing-Index		= 1,38	4 = 2806	5 = 3876

Die Größe des "Crushing index" hängt von der Ausgangskorngröße ab (Abb. 63). Alle Körnungen ließen sich, so meint J.E. HURST, in eine Kurve einordnen, die als "Charakteristik" (Kennlinie des Materials, Abb. 63) bezeichnet wird. Jede Materialgüte besitzt dabei eine charakteristische Lage.

J.E. HURST steht auf dem Standpunkt, daß mit einer Standard-Kurve als Grundlage nun ein Werturteil über andere Materialien zu geben ist. Vergleicht man den Bruch-Index mit dem vergleichbaren Wert der Standard-Kurve, so deutet ein höherer Bruchindex auf eine geringere Festigkeit, ein kleinerer Bruchindex auf eine größere Festigkeit hin.

E. BICKEL [26] vertritt über die Aussagefähigkeit des "Crushing-Index" die nachfolgende Meinung:

"Die Prüfung von Abrieb- und Schlagfestigkeit wird nicht zusammengefaßt. Sie ist auch weit entfernt von der betriebsmäßigen Beanspruchung auf Schlag. Eine gesicherte allgemeine Korrelation zwischen der Verschleißfestigkeit im Betrieb und dem Crushing-Index ist bisher nicht bekannt geworden und dürfte auch kaum gefunden werden, da die Betriebsbeanspruchung wesentlich anders ist als diejenige im Prüfgerät. Es ist möglich, daß der Crushing-Index eine wertvolle Ergänzung zu anderen Prüfverfahren bilden kann, vor allem bei Forschungsarbeiten, d.h. bei der Ermittlung von Mehrfach-Korrelationen zwischen manchen Einzeleigenschaften, wie Struktur, C-Gehalt, Härte und der gleichen. Er ist ein interessantes Zähheitsmaß, dessen Bedeutung freilich noch näher untersucht werden müßte."

Diese positive Stellungnahme sollte der Anlaß sein, bei Untersuchungen über den Zusammenhang zwischen Gefüge, Härte und Schlagfestigkeit diese Methode nicht zu vergessen. Für die Beurteilung der Betriebseignung sollte nicht mehr versucht werden, ein solches oder ähnliches Verfahren in Erwägung zu ziehen.

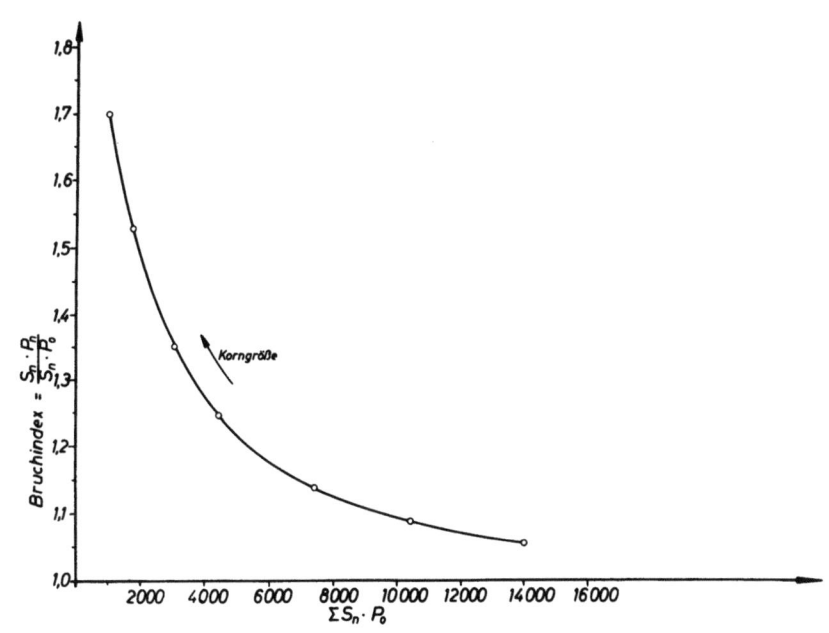

A b b i l d u n g 63

Crushing-Index eines Hartgußstrahlmittels nach HURST

6.2 Wirbeltester nach MATTSON - CARGILL

Eine Zeitlang wollte es auf Grund von Literatur-Studien so scheinen [40], daß diese Testmaschine als <u>Standard</u>-Maschine in den USA benutzt wird. Daher bat der Berichter den Verein Deutscher Gießerei-Fachleute, ihm eine solche Maschine zur Verfügung zu stellen. Abbildung 64 zeigt sie im Laboratorium der Staatl. Ing.-Schule zu Duisburg. Somit bestand Gelegenheit, ihre Einsatzmöglichkeit eingehend zu prüfen.

Abbildung 64
Cargill-Tester

Tabelle 24

Siebanalyse des gleichen Drahtkorns bei unterschiedlicher
Verschleißart, aber gleichem Verschleißzustand L_{45}
Aufbau der Körnungen beim Verschleißzustand $L_{th - s - 45}$

Körnung [mm]	Prüfmaschine		
	Cargill [%]	+ GF + [%]	Vogel & Schemmann [%]
1,2	45	35	1,5
1,0	45	10	43
0,75	15	38	1,0
0,5	13	6	4,0
0,5	24	11	50,2

Bei der Maschine läuft ein Gehäuse als Prallring mit einer Drehzahl von 100 min^{-1} und im entgegengesetzten Sinn ein dreikantiger Schläger mit einer Drehzahl von 7 200 min^{-1} um. Die Strahlmittelprobe wird durch die Gegenläufigkeit von Schläger und Prallring durcheinandergewirbelt und auf Schlag und Abrieb beansprucht. Die Beanspruchung ist sehr hart und gleicht eher der Beanspruchung in einer Prallmühle, so daß schon in wenigen Minuten ein sehr starker Verschleiß vorliegt. In Tabelle 24 wird zu den Werten für L_{45} bei Drahtkorn gem. Tabelle 14 eine solche Untersuchung im Cargill-Tester hinzugefügt, um den Vergleich besser vornehmen zu können. Die Versuche haben gezeigt, daß eine um so stärkere Schlagbeanspruchung vorliegt, je mehr Unterkörnungen bei einem Versuch auftreten. Somit ist also ersichtlich, daß die Schlagbeanspruchung im Cargill-Tester weit über den Grenzen liegt, die in Betriebsmaschinen zu erwarten sind.

Bei der Prüfung wird eine Probe von meist nur 50 g in die Maschine eingesetzt. Es wird wieder der Verschleißzustand gesucht, bei dem 45 % auf dem Ausgangssieb zurückbleiben (bei Drahtkorn auf dem gewählten Sieb). Zu diesem Zweck ist es nötig, den Versuch in gewissen Zeitabständen zu unterbrechen, um die Siebung durchführen zu können. Dabei aber zeigt sich, daß hier wesentliche Fehler möglich sind. Es wurden zwei Versuche parallel gefahren. Im ersten Versuch wurde die Messung zum Sieben unterbrochen, um dann das bereits gefahrene Material wieder weiter einzusetzen. In der zweiten Gruppe wurde jeweils ein neuer Meßpunkt dadurch gefunden, daß stets neues Material über die neue Meßzeit beansprucht wurde. Wurde z.B. der dritte Teilversuch der ersten Gruppe nach 3 Minuten Gesamt-Laufzeit beendet, so lief im Versuch 2 die dritte, neue Probe ununterbrochen 3 Minuten. Dabei stellte sich heraus, daß kaum eine vergleichbare Beanspruchung zwischen dem in Teilabschnitten gefahrenen Material und dem im Durchlauf ermittelten Werten zu finden war. Dies ist verständlich, denn die Maschine braucht zum Anfahren und Stillsetzen Zeit. Die Körner müssen wieder in schleudernde Bewegung versetzt werden. Der Verfasser kam daher zu dem Schluß, daß bei dieser Methode soviel Unsicherheiten vorhanden sind, daß eine zweckmäßige Untersuchung damit schwer aufgebaut werden kann.

Hinzu kommt noch der erhebliche Verschleiß der Maschine selbst. Schon nach wenigen Versuchen mit Drahtkorn ist der Gehäusering mit den Prallflächen so verschlissen, daß mit Sicherheit andere Aufprallverhältnisse vorliegen. Dies wurde durch Versuche belegt, indem über eine längere Zeit ein Durchlaufversuch mit neuem und verschlissenem Ring gefahren wurde. Neben dem Prallring verschleißt aber in gleicher Weise auch der Schläger. Die Abbildungen 65 und 66 zeigen einen verschlissenen Ring und einen weit abgearbeiteten Schläger. Auch für den abgearbeiteten Schläger wurde in gleicher Weise nachgewiesen, daß sein Verschleißzustand weitgehend in das Meßergebnis eingeht.

Um zu tragbaren Reparaturkosten zu kommen, wurde daher das Gehäuse umgebaut und in einen Außenmantel und in einen auswechselbaren Verschleiß-

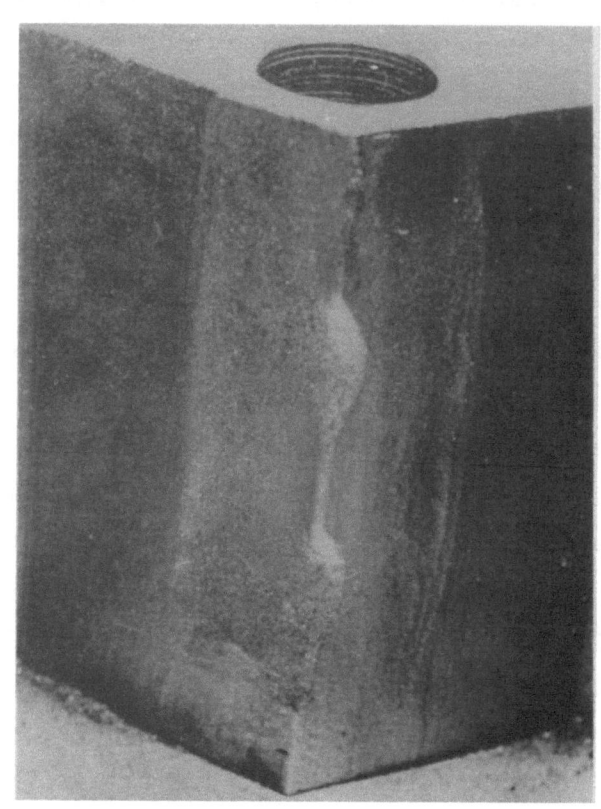

Abbildung 65
Verschlissener Prallring des Cargill-Tester
nach: Prof. Dr.-Ing. E. BICKEL
Metallische Strahlmittel und ihre Prüfung

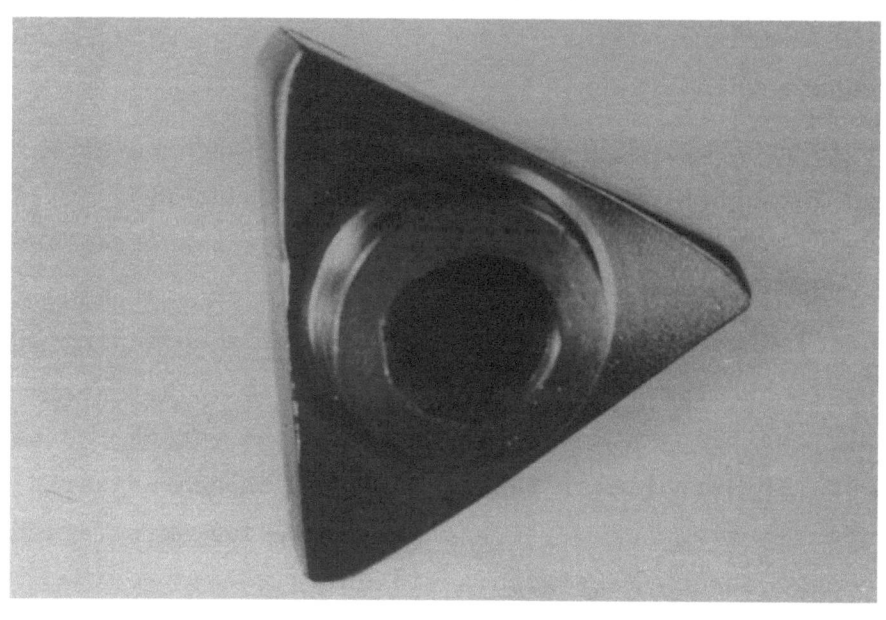

Abbildung 66
Verschlissener Schläger des Cargill-Tester

ring getrennt. Trotzdem sind die Reparaturkosten sehr hoch. Der Vorteil der Maschine liegt in den äußerst kurzen Versuchszeiten und den kleinen Mengen. Es ist durchaus möglich, mit den erwähnten 50 Gramm auszukommen, wenn ein Folgeversuch gewählt wird. Die Aussage der Versuche auf praktische Betriebsmaschinen zu übertragen, sollte nur vorsichtig vorgenommen werden. Zu diesem Zweck wurden Vergleiche mit anderen Maschinen gefahren. Es zeigte sich, daß die Gütebeurteilung in ihrer Reihenfolge anders ausfallen konnte, je nachdem, ob im Cargill-Tester oder in einer Maschine geprüft wurde, die vornehmlich Oberflächenverschleiß erzeugt.

Diese Erkenntnisse wurden bereits mit herangezogen, um in Abschnitt 5.2 die Aussagefähigkeit der Lebensdauer-Kennwerte zu diskutieren.

Jedoch hat die Maschine für andere Untersuchungen gute Dienste geleistet. Um die Beanspruchung der Strahlmittel erfassen zu können, ist es nötig, die Zunahme der Beanspruchung an demselben Korn verfolgen zu können. Nimmt man die wesentlich größere Schlagwirkung in Kauf, so ist diese Maschine für derartige Untersuchungen gut geeignet. Die kleine Menge an Versuchsmaterial läßt es zu, das speziell zu untersuchende Korn herauszusuchen, wenn nicht nur dies eine Korn gefahren wird. Um Hartgußkörner zu untersuchen, wurden sie mit Buntmetall-Strahlmitteln gemischt, so daß sie durch einen Magnet leicht auszusortieren sind. Für Drahtkorn ist das Mischen mit Hartgußstrahlmittel möglich, da bis zu einem gewissen Versuchsstadium das Drahtkorn-Teilchen von Hand aus der Versuchsmenge aussortiert werden kann. Bei der Entnahme von Proben für die Ermittlung der Beanspruchung aus einer großen Versuchsmenge kann nur ein statistischer Überblick sich ergeben. Dieser aber hat keine schlüssigen Beweise liefern können, ob und in welcher Weise sich Einflüsse auf das Strahlmittel durch den Strahlvorgang ergeben. Die Einkorn-Methode aber läßt es sogar zu, etwa die gleiche Stelle des Korns wieder zur Beobachtung heranzuziehen.

Für die Verschleißbeurteilung sollte eine Maschine dieses Typs nicht in Erwägung gezogen werden. Auch ist die erwünschte parallele Wirkprüfung der Strahlmittel nicht möglich.

6.3 Prüfmaschinen und -Geräte nach dem Strahlverfahren

6.31 Prüfkabine für das Druckluft-Strahlen

Die Diskussion um eine Prüfung von Strahlmitteln war vornehmlich dadurch aufgekommen, daß zunehmend neue Eisenstrahlmittel auf dem Markt erschienen. Somit erstreckte sich die Prüfung in der Regel auch nur auf diese Materialien, andere Untersuchungen sind selten. Das Haupteinsatzgebiet der Strahlverfahrenstechnik ist darüber hinaus heute das Schleuderstrahlen. Somit ist es verständlich, daß kaum der Gedanke erwogen wird, die Eignung von Strahlmitteln beim Druckluftstrahlen zu untersuchen. Jedoch hatte NEVILLE 1948 [24] angeregt, an Stelle des Fallhammers von HURST eine Druckluft-Strahlkabine als Versuchseinrichtung zu wählen. Wohl auch in den Niederlanden sind durch die TNO, wenn der Berichter richtig informiert ist, Versuche an Strahlmitteln in Druckluft-Kabinen im Labor durchgeführt worden.

Bei seinen Untersuchungen an mineralischen Strahlmitteln [2] baute der Berichter gleichfalls eine Strahlkabine für Druckluft. Anlagen dieser Art sind ohne Schwierigkeiten auf die Betriebs-Verhältnisse abzustellen. Unterschiede gegenüber den Betriebsverhältnissen sind kaum zu befürchten, da die Handhabung im Labor kaum von der im Betrieb abweichen kann. Allein die Düse ist fest einzubauen, statt daß sie, wie im Betrieb, von Hand geführt werden muß.

Abbildung 67
Versuchs-Druckluft-Strahlkabine

Die Prüfkabine besteht aus einem aus Stahlblech geschweißten Gehäuse mit einer an der Vorderfront eingebauten Tür. In deren Mitte ist die Strahldüse (GH) eingelassen. (Prüfkabine Abb. 67.) An der Unterseite

befindet sich ein angeschweißter Trichter, der in einem auswechselbaren
Behälter mündet. Die Kabine ist im Innern mit Gummi ausgekleidet, um
einen Verschleiß der Wände zu vermeiden, wie auch alle Undichtigkeiten
durch Gummiabdichtungen verhindert werden. Zusätzlich befindet sich an
der Hinterwand ein Stutzen, an dem eine Staubabsaugung angeschlossen
werden kann.

Im Innern der Kammer sitzt eine Rasterleiste, die es erlaubt, den Abstand der Prüfplatte von der Strahldüse einzustellen und die Prüfplatte um ihre Waagerechte so zu drehen, daß der Strahl unter verschiedenen Winkeln auf die Prüfplatte auftreffen kann.

Als Strahleinrichtung ist ein Einkammer-Druckluft-Strahlgerät der Firma Sisson-Lehmann vorgesehen, da dieses zur Verfügung stand. Es ist in gleicher Weise möglich, hier andere Geräte, z.B. eine Druckluft-Strahlanlage nach dem Saugsystem anzuschließen.

Eine solche Anlage muß gewährleisten, daß alle betrieblich veränderlichen Größen in der Kabine eingestellt werden können. Die Düse muß fest eingebaut werden, um ein Verschieben des Strahlbildes zu vermeiden. Sie muß sich auswechseln lassen, um Düsen mit unterschiedlichem Durchmesser verwenden zu können. Als Prallfläche ist eine Einrichtung zu wählen, die es erlaubt, unterschiedliche Materialien zu befestigen. Es soll die Möglichkeit gegeben sein, die Wirkung des gleichen Strahlmittels auf verschiedene Werkstoffe zu untersuchen. Schließlich muß die Prallfläche im Abstand und im Winkel einstellbar sein. Für die Druckluftzuführung ist zu fordern, daß der Druck einregelbar ist und daß sich die verbrauchte Menge messen läßt. Das Strahlmittel ist aufzufangen. Die Kabine ist mit einer Absaugung zu versehen, die sich auf verschiedenen Unterdruck einstellen läßt. (Hiervon wurde abgesehen.)

Die Normen über Verschleiß (DIN 50320), Strahlverschleiß (DIN 50332) und Verschleißprüfung (DIN 50330), sehen keine konstruktiven Einzelheiten einer solchen Strahlanlage vor, so daß der Bau ohne konstruktive Bindungen durchgeführt werden konnte.

Die Kabine ist in Abbildung 68 als Skizze dargestellt.

Die im Bericht "Ersatz von Quarzsand als Strahlmittel" im Abschnitt 3 "Laborversuche mit mineralischen Strahlmitteln" angeführten Versuche und Erkenntnisse sind als Teile auch dieses Berichtes zu betrachten. Sie erklärten, daß grundsätzlich die gleichen Ergebnisse und Zusammenhänge bei mineralischen Strahlmitteln zu erarbeiten sind, wie sie bei metallischen Strahlmitteln bekannt sind. Auch die gleichen theoretischen Voraussetzungen lassen sich dort anwenden. Die erstellten Kurven finden sich im Grundsatz auch bei den metallischen Strahlmitteln wieder. Es wäre daher zu überlegen, ob für bestimmte Grundsatzversuche nicht dann auf mineralische Strahlmittel übergegangen werden sollte, wenn besonders schnell ein Ergebnis zu erzielen ist. Dabei wären vorerst die Versuche auf Aussagen zu beschränken, bei denen ein Verschleiß durch Splittern beurteilt werden soll. Der Vorteil der Versuche mit mineralischen Strahlmitteln wäre der sehr schnelle Versuchsablauf, da nur wenig mehr als 10 Durchläufe bis zum völligen Verschleiß zu erwarten sind, wenn die praktische Betriebslebensdauer als Versuchsgrundlage benutzt wird.

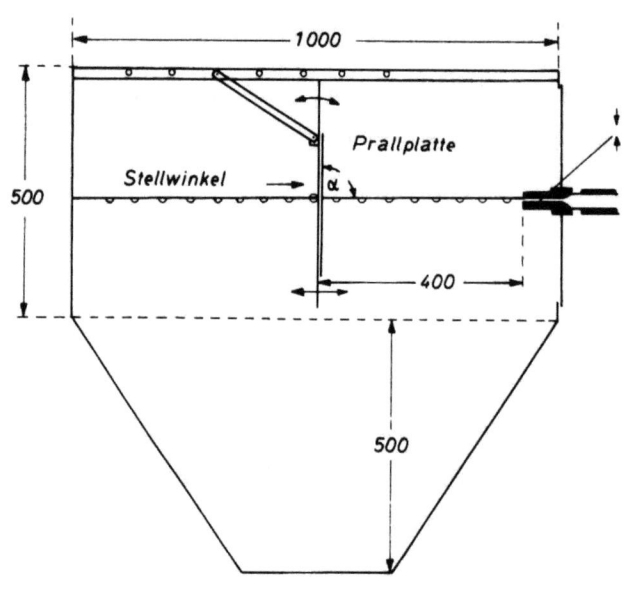

Abbildung 68
Versuchs-Druckluft-Strahlkabine Schema

Sollten Versuche mit vorwiegend Oberflächenverschleiß gefahren werden, so ist bei Druckluft sicher dieser Ablauf bereits zu erwarten, wenn übliche Hartgußstrahlmittel eingesetzt werden, wie es Beobachtungen im praktischen Betrieb ausweisen.

Jedoch ist ein Übertragen der Ergebnisse aus den Druckluftanlagen auf die Schleuderanlagen nicht möglich, wenn jeweils die gleichen Strahlmittel eingesetzt werden sollen. Hier ist bereits der Fall gegeben, daß so abweichende Verschleißverhältnisse dann vorliegen, daß Rückschlüsse aus den Versuchen nicht gezogen werden können. So hatte sich dort gezeigt, daß die Reihenfolge der Gütebeurteilung beim Einsatz in einer Schleuderstrahl-Kabine sich nicht mit dem Ergebnis in Druckluft-Anlagen im praktischen Betrieb deckten. Selbst die Parallele zwischen Laborversuch in der Druckluft-Kabine und dem Betriebsversuch zu finden, erschien oft kritisch. Es zeigte sich, wie in den Diskussionen um die Aussagefähigkeit der Lebensdauer-Kennwerte angeführt, daß die theoretischen Lebensdauer-Kennwerte schwer auf den Betriebseinsatz des gleichen Strahlmittels zu übertragen sind; dabei ist zu berücksichtigen, daß es kaum in anderen Einrichtungen möglich sein wird, so enge Parallelen zwischen Labor- und Betriebseinrichtung zu schaffen, wie es bei Druckluft-Anlagen der Fall ist.

Als sichere Aussage ergab sich, die jeweils anfallende Staubmenge für die gleichen Durchläufe gegenüberzustellen. Diese Erkenntnis deckt sich mit der Erfahrung des Berichters aus dem Prüfen von Drahtkorn in Schleuderstrahlanlagen bei vorwiegendem Oberflächenverschleiß.

6.32 Prüfkabinen für das Schleuderstrahlen

6.321 Allgemeine Forderungen

Die eingesetzten Prüfmaschinen nach dem Schleuderstrahlverfahren sind sehr unterschiedlich gebaut, obwohl sie alle sich bemühen, eine Betriebsmaschine im kleinen zu sein, damit die Prüfung ein Modellversuch für den Betrieb ist [26]. Zielsetzung der Konstruktion ist zwar die gleiche. Die Auswertung erfolgt bei ihnen in der Regel nach den gleichen Grundlagen. Jedoch ist die Ausführung so unterschiedlich, daß kaum Vergleichsmöglichkeiten der Ergebnisse zu erkennen sind. Daher muß es einer der wesentlichsten Schritte sein, eine Einheits-Prüfmaschine zu normen, um die unterschiedlichen Aussagen auszuschalten. Die Vielzahl der Prüfeinrichtungen schadet dem Gedanken der Güte-Beurteilung und der Güte-Kennzeichnung der Strahlmittel. Der Verbraucher des Strahlmittels erhält gegebenenfalls eine Vielzahl von Kenndaten über das gleiche Material, wobei sogar die gleiche Auswertung vorgenommen wurde, ohne daß die Ergebnisse wenigstens proportional sind.

Meist herrscht etwa die Anschauung vor, die von der Festigkeitsprüfung her in der Regel geläufig ist. Dort ist die Bruchfestigkeit ein Kennwert, der durch einfache Umrechnung "mit Hilfe der Sicherheit" als betrieblich gültige Festigkeitsgröße verwendet werden kann. Bis zu dieser Erkenntnis ist die Strahlmittel-Prüfung noch nicht vorgedrungen. Sie hat noch keinen so fest umrissenen Grund-Kennwert, wie es die Bruchfestigkeit als Vergleichsbetrachtung ist. Daher sollten die Einflüsse von anderen Prüfeinrichtungen dadurch ausgeschaltet werden, daß eine einheitliche Konstruktion verwendet wird.

Diese Einrichtung muß es zulassen, daß alle Einflußgrößen auf das Strahlen in der Maschine eingestellt werden können. Schließlich muß die Versuchsdurchführung weitgehend mechanisiert sein, so daß der Strahlmittel-Umlauf zwangsläufig erfolgt. Dabei aber muß gewährleistet sein, daß jeder Umlauf - also der Durchgang der Versuchsmenge durch die Maschine - streng getrennt von dem nachfolgenden erfolgen kann. Kontinuierlicher Betrieb ist für die Prüfung nicht zweckmäßig.

Die Prüfeinrichtung muß es zulassen, daß Verschleiß- und Wirkprüfung parallel in der gleichen Einrichtung und im gleichen Versuch durchgeführt werden können.

Die Konstruktion sollte so gestaltet sein, daß der Verschleiß möglichst gering ist, um die Kosten einer Prüfung niedrig zu halten. Die repräsentative Versuchsmenge sollte möglichst niedrig liegen, da durch das Sieben im Versuchsablauf heute noch der wesentlichste Zeitaufwand und damit auch die größten Kosten entstehen.

Besonders sollte Wert darauf gelegt werden, daß die Wirkprüfung im vollen Umfange durchgeführt werden kann. Für die Verschleißprüfung ist sicher erforderlich, daß nicht nur mit einer Geschwindigkeit in der Maschine gestrahlt werden kann. Zwar wird für den reinen Abnahmeversuch sicher eine festliegende Geschwindigkeit ansetzbar sein. Jedoch ist beim heutigen Stand des Wissens es nicht angebracht, eine beliebige oder auf einen auf einen bestimmten Typ der Betriebsmaschinen abgestimmte Strahlgeschwindigkeit festzulegen.

Die Einrichtung ist mit Staubabsaugung zu versehen, wobei zu prüfen ist, ob die Absaugung ihrerseits regelbar sein muß, wenn gegebenenfalls durch andere Absaugverhältnisse die Ergebnisse erheblich beeinflußt werden. Es muß Sorge getragen werden, daß der Staub leicht aufgefangen, abgewogen und untersucht werden kann. Ähnlich wie die Körnung selbst muß auch der Staub bei jeder Analyse gegebenenfalls zur Begutachtung zur Verfügung stehen können. Erst wenn erwiesen ist, daß aus dieser Begutachtung kein Rückschluß irgendwelcher Art zu ziehen ist, dann kann ein vereinfachtes System der Abscheidung gewählt werden.

Bei der Wirkprüfung muß es möglich sein, auch die Verschleißbeanspruchung der Schaufeln durch das eingesetzte Strahlmittel mit zu beobachten.

Sehr hoher Schaufelverschleiß kann die Wirtschaftlichkeit des Einsatzes eines Strahlmittels erheblich mindern.

Da bisher noch unbekannt ist, ob die Radausbildung die Kennwerte mit beeinflußt, sollte es möglich sein, auch andere Radkonstruktionen einsetzen zu können.

Ideal wäre die Ausführung, in der übliche Betriebsräder als Testrad verwendet werden. Jedoch erscheint diese Forderung sehr weit gegriffen und ist für die Erforschung der Radkonstruktionen zweckmäßiger. Wenn aber über die Wirkung der Räder selbst keine ausreichenden Kenntnisse vorliegen, erscheint es andererseits kritisch, eine bestimmte Form ohne eingehende Versuche durch Norm festlegen zu wollen.

6.322 Amerikanische Schleuderstrahl-Prüfkabinen

Schon 1950 nennen SOUTHWICK [25] und Mitarbeiter die auch heute noch bekannten vier Testeinrichtungen, deren Entwicklung in den USA durch den Strahlmittel-Ausschuß der SAE unter ALMEN angeregt wurde. Eine davon ist der unter Abschnitt 6.2 beschriebene CARGILL-Tester, die anderen wurden von den beiden großen Strahlmaschinen-Herstellern, der American Wheelabrator and Equipment Co, Michawaka, Ind. und der Pangborn Co, Hagerstown Md., hergestellt. Nach einem Schriftverkehr mit der American Wheelabrator Co muß der Berichter zu der Ansicht kommen, daß diese den Bau ihrer eigenen Einrichtungen nicht mehr durchführt. Die dritte Schleuderstrahl-Prüfmaschine wird von einem großen Strahlmittel-Lieferanten, der Alloy Metal Abrasive Co, Ann Arbor, Mich., gebaut. In welchem Umfange alle drei Einrichtungen benutzt werden, läßt sich auf Grund der Literatur nicht abschätzen. Im europäischen Raum wurde bisher nur eine Maschine der Firma Alloy Metal Abrasive Co in Schweden und eine Maschine festgestellt, die sich das Prinzip von PANGBORN zunutze macht.

Als Prüfeinrichtung, die eine gewisse Breite des Einsatzes gewonnen hat, kann bisher allein die Prüfmaschine KP 1 der Firma Georg Fischer, Schaffhausen, angesprochen werden. Sie wird daher nachfolgend speziell behandelt.

Neben der Abhandlung von SOUTHWICK und Mitarbeiter findet sich eine Zusammenfassung aller Testeinrichtungen im SAE Manual on Blast Ceaning [41], das hier im wesentlichen als Grundlage der Besprechung heranzuziehen ist.

Abbildung 69
Alloy-Tester (Gesamtansicht)

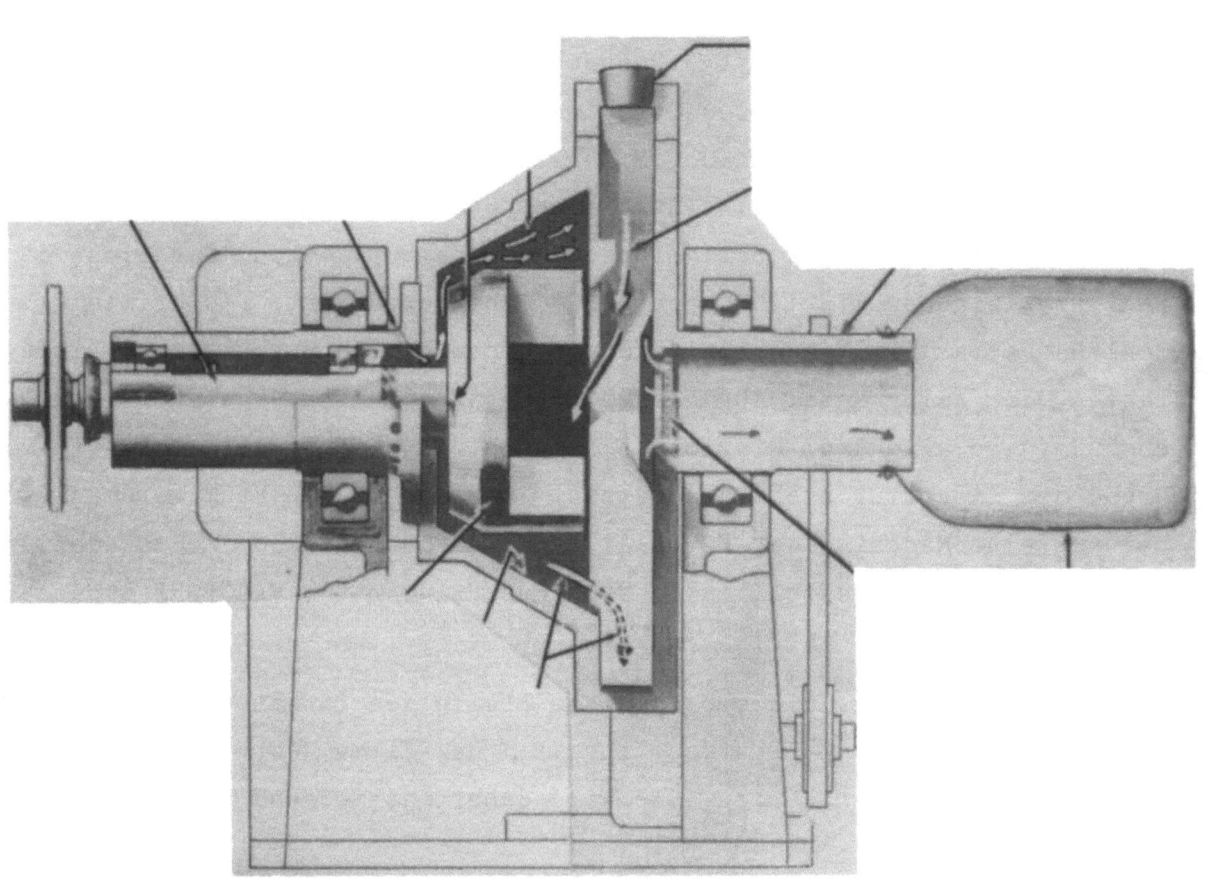

Abbildung 70
Alloy-Tester (Schemaskizze)
gezeichnet nach: SAE Manual on Blast Cleaning SP-124
Society of Automotive Engineers 29 West 39th Street
New York 18, New York

Der Alloy-Tester gemäß Abbildung 69 und 70 [41], [42] arbeitet kontinuierlich, so daß keine Durchläufe, sondern nur Durchsatzzeiten bestimmt werden können. Die Möglichkeit, Prüfplättchen oder ähnliche Hilfsmittel anzubringen, um Wirkprüfungen durchzuführen, scheinen nicht gegeben zu sein. Die Maschine kann damit praktisch nur dazu dienen, die Eingangsuntersuchung vorzunehmen, um die Gleichmäßigkeit der Anlieferung zu bestimmen. In gleicher Weise kann sie zur Überwachung einer Fabrikation dienen. Die in Abschnitt 6.321 geforderten Konstruktionsmerkmale sind somit sehr unvollkommen erfüllt. Da andererseits kaum mit einem größeren Einsatz dieser Maschine in unserem Bereich gerechnet werden kann, soll für genauere Informationen auf die angezogene Literatur [42] verwiesen werden.

Der PANGBORN-Tester Abbildung 71 und 72 läßt satzweises Arbeiten zu. Jedoch scheint das Schleuderrad aus einem Stück gearbeitet zu sein, so daß sich die Schaufeln nicht ausbauen lassen, um den Verschleiß durch Wägung festzulegen. Wichtig erscheint weiter die Tatsache, daß die Geschwindigkeit eingeregelt werden kann. Dabei sind Werte möglich, die etwa 12 % höher liegen können, als sie in den "Standardrädern" der

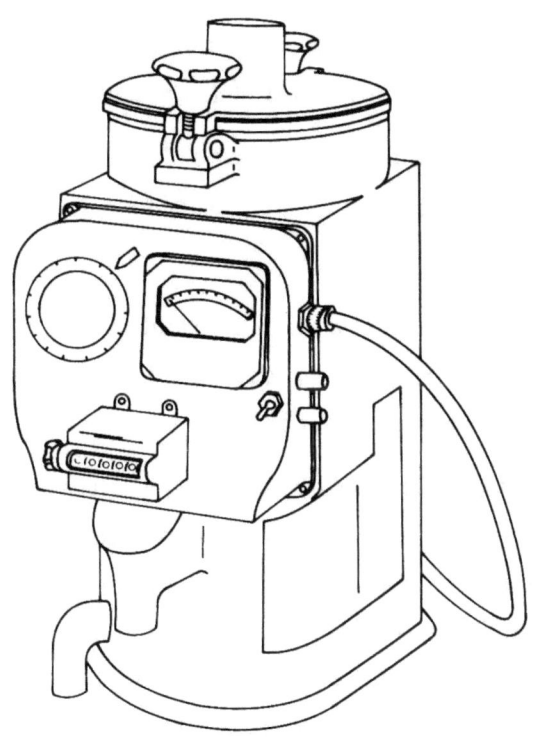

A b b i l d u n g 71
Pangborn-Tester (Gesamtansicht)

gezeichnet nach: SAE Manual on Blast Cleaning SP-124, Society of Automotive Engineers 29 West 39th Street, New York 18, New York

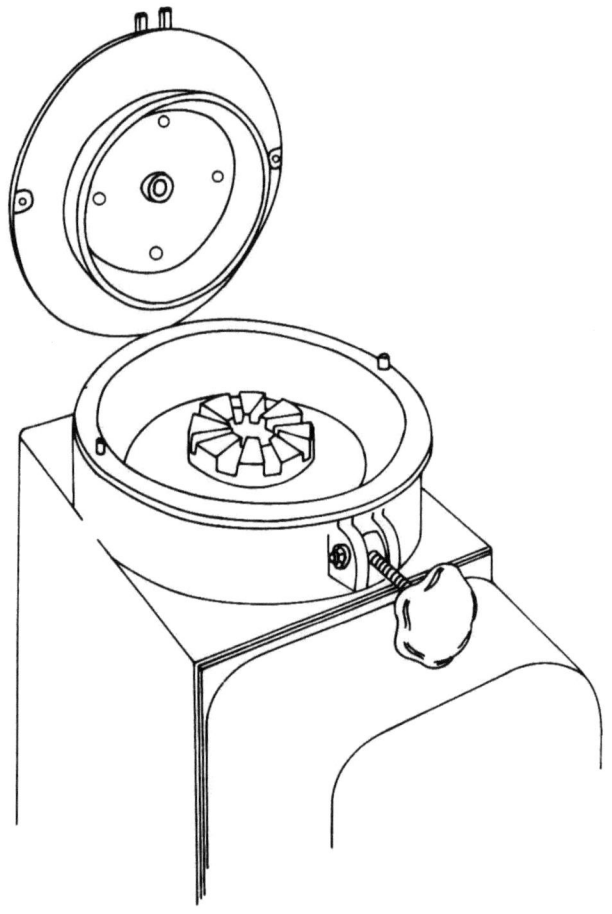

Abbildung 72
Pangborn-Tester (Innenansicht)

gezeichnet nach: SAE Manual on Blast Cleaning SP-124, Society of Automotive Engineers 29 West 39th Street, New York 18, New York

Betriebsmaschine der USA auftreten. Trotzdem aber wollte man sicher eine Einrichtung schaffen, die so arbeitet, wie es den "üblichen" Maschinen der USA-Fertigung entspricht.

Die Wheelabrator-Testmaschine Abbildung 73 entspricht in noch größerem Umfange den Anforderungen an eine Testeinrichtung für Strahlmittel. Sie besitzt Schaufeln, so daß die Konstanz der Strahleinrichtung durch Auswechseln der Schaufeln wesentlich besser Rechnung getragen werden kann. Zwar wird hier ein Prallring angewendet, der dem des Cargill-Testers stark ähnelt. Zweck der Ausbildung ist es, die Prallflächen so anzuordnen, daß der Strahl möglichst an jeder Stelle senkrecht auf die Prallfläche auftrifft, eine zweckmäßige Forderung. Auch wird die Geschwindigkeit regelbar ausgeführt. Die obere Grenze entspricht etwa der des Pangborn-Testers, nur daß hier nicht bis auf Null, sondern nur bis auf die Hälfte der maximalen Drehzahl herunter geregelt werden kann. Besonders bemerkenswert ist noch zusätzlich ein Umlaufring, der das mechanische Zugeben des Strahlmittels nach jedem Durchlauf ermöglicht. Dabei kann, so möchte aus den Bildern des SAE-Handbuches gefolgert werden, das Trennen der einzelnen Durchläufe sicher vorgenommen werden. Die Ausführung kommt in den USA somit den Forderungen am nächsten, die nach Ansicht des Berichters an eine Testeinrichtung zu stellen sind.

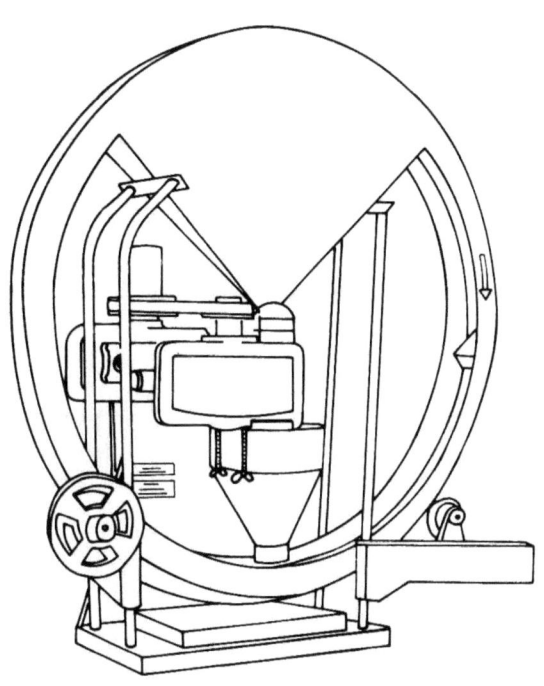

A b b i l d u n g 73
Wheelabrator (Gesamtansicht)

gezeichnet nach: SAE Manual on Blast Cleaning SP-124, Society of Automotive Engineers 29 West 39th Street, New York 18, New York

6.323 Versuchs-Strahlkabine "Daden" und "Duisburg"

Diese beiden nur in Deutschland angewendeten Prüfmaschinen verwenden ein Betriebs-Schleuderrad, so daß sie damit den Bedingungen ihrer speziellen Konstruktionen bei der Prüfung am nächsten kommen. In den Maschinen der USA wird vorausgesetzt, daß die Radkonstruktion kaum einen Einfluß auf die Lebensdauer und die Wirkung des Strahlmittels besitzt. Solange dies aber nicht einwandfrei durch Versuche erwiesen ist, darf ein Einheitsrad nicht als einzige Prüfeinrichtung vorgesehen werden.

Für die Wirkung eines Strahlmittels ist es sicher auch von Bedeutung, wie die Verteilung des Strahlmittels über das Strahlbild sich einstellt.

Somit sollte es wenigstens in einigen Anlagen möglich sein, ein ganzes
Strahlbild zu erzeugen. Auch muß sich der Abstand zwischen Auftreff-
fläche und der Strahleinrichtung verändern lassen, wie auch der Auf-
treffwinkel in den beiden Richtungen, quer zum Strahlfächer und zur
Strahlfläche, wie es schematisch Abbildung 74 veranschaulicht. Ob diese
Einstellmöglichkeiten an allen Prüfmaschinen vorhanden sein müssen,
bleibt einer späteren Überlegung überlassen. Jedoch ist eingangs zu
klären, welche Einflüsse aus diesen Variationen sich ergeben, denn sie
besitzen beachtlichen Wert für die Gestaltung von Betriebseinrichtungen.
Schon heute werden üblicherweise die Strahl-Aggregate in Betriebsmaschinen um diese beiden Achsen gekippt. Somit müssen sich Vorteile wenigstens für die Wirkung ergeben, ohne Versuchserkenntnisse damit vor-
weg nehmen zu wollen.

Verstellbarkeit des Prallplattenneigungswinkel „α"

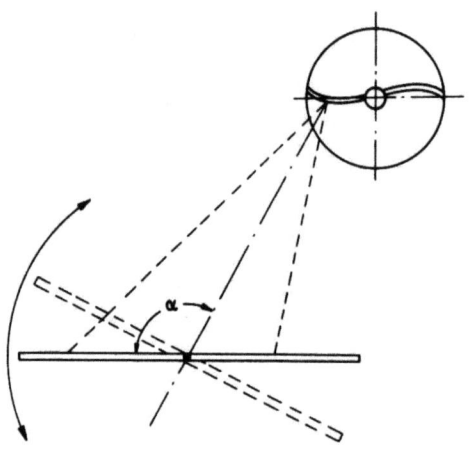

Verstellbarkeit des Prallplattenkippwinkels „β"

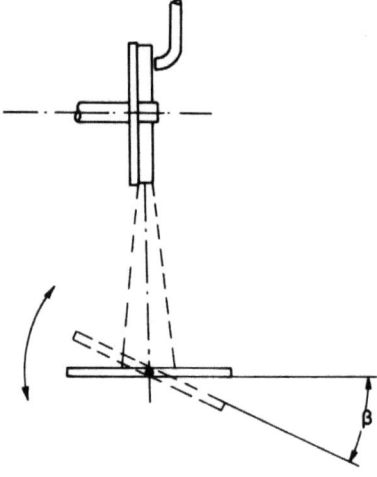

A b b i l d u n g   74
Verstellbarkeit der Prallplatten

Die Versuchsstrahlkabine "Daden" Abbildung 75 führt den Strahlmittel-Kreislauf mit Hilfe eines Saugsystems durch. Jedoch ist satzweises Arbeiten und damit korrektes Trennen dieser einzelnen Durchläufe möglich. Die Maschine besitzt außerdem Drehzahlregelung im Bereich von 1 800 bis 2 900 U/min, was einer Anfangsgeschwindigkeit von 36 bis 60 m/sec entspricht, somit nicht alle Möglichkeiten erfaßt.

Die "Duisburger" Versuchskabine [2, 43] ist mit einem Betriebsrad der Firma Vogel & Schemmann, Hagen-Kabel, ausgerüstet. Sie besitzt bisher keine mechanische Zuteilung des Strahlmittels nach einem Durchlauf, was die Versuchsarbeit sehr erschwert. Die Drehzahlregelung ist durch Auswechseln von Stufenscheiben auf dem Antrieb möglich. Die Länge des Strahlbildes ist bei 500 mm Abstand von der Schleuderrad-Mitte nicht voll in der gleichen Ebene zu erfassen. Die Möglichkeit, in ein solches Gehäuse etwa auch andere Schleuderräder einzubauen, ist gegeben. Es wäre also sicher erforderlich, zur Erprobung der offenen Fragen eine Kleinkabine zu entwickeln, die die positiven Konstruktionsmerkmale aller besprochenen Anlagen enthält. Erst danach ist zu entscheiden, welche Einzelheiten für übliche Prüfungen vernachlässigt werden können.

A b b i l d u n g   75
Versuchsschleuderstrahlkabine "Daden"

Die Kabine "Duisburg" ist in Abbildung 76 veranschaulicht. Im Schema Abbildung 76 sind die Abmessungen wiedergegeben. Die im Hauptstrahlbereich angebrachten Prüfplättchen dienen dazu, um bei der Wirkungsprüfung die Abtragwirkung oder die relative Strahlzeit zu ermitteln. Diese Kabine diente im wesentlichen dazu, die Erkenntnisse dieses Berichtes zu erarbeiten in Verbindung mit der in Abschnitt 6.324 behandelten Prüfmaschine der Firma Georg Fischer, Schaffhausen, und dem Cargill-Tester.

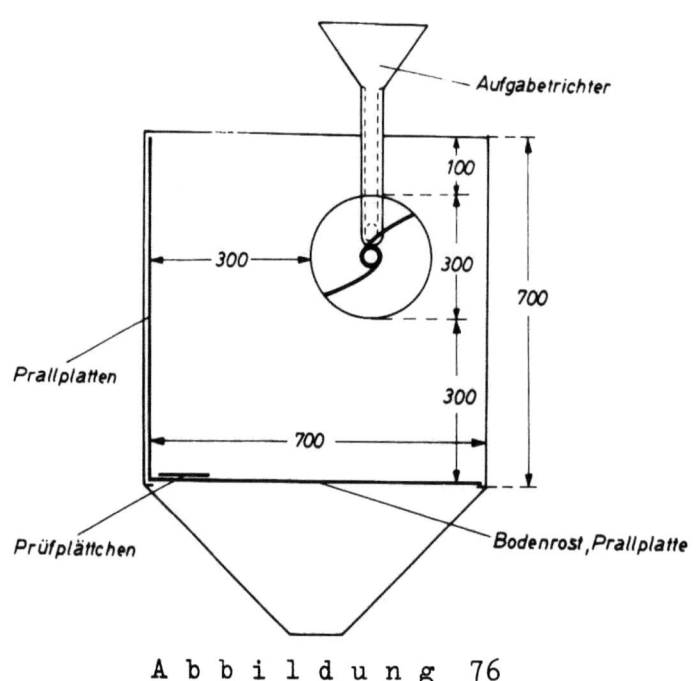

A b b i l d u n g 76
Versuchsschleuderstrahlkabine "Duisburg" (Schema)

6.324 Versuchs-Strahlkabine KP1

Diese Prüfmaschine der Firma Georg Fischer, Schaffhausen/Schweiz, ist bisher die Prüfeinrichtung, die in größerem Umfange in der Praxis benutzt wird. Sie gleicht in ihrem Aufbau weitgehend der der Firma American Wheelabrator an Equipment, soweit dies auf Grund der Literaturstudien zu erkennen ist. Die Maschine ist in der Abbildung 77 dargestellt. An Stelle des festen Prallringes der USA-Maschine besitzt sie auswechselbare Prallplatten, so daß auch für das Gehäuse die Möglichkeit besteht, ständig weitgehend konstante Maschinenbedingungen einzuhalten. Durch Einsetzen eines speziellen Prüfplättchens an Stelle der sehr verschleißfesten Normalprallplatten kann an dieser Stelle dann die Wirkprüfung vorgenommen werden. Dabei kann diese Platte jeweils zur Untersuchung der Rauhtiefe, der Abtragwirkung, der Strahl-Intensität und - so möchte der Berichter hoffen - auch zur Bestimmung der relativen Strahlzeit benutzt werden. Hierfür sollte das Auswechseln der Platten durch eine besondere Klappe im Gehäuse-Deckel zusätzlich vorgesehen werden. Die Maschine ist mit einem mechanischen Beschickungsring ausgestattet, der die Durchläufe genau trennt und zählt. Drehzahlregelung ist durch ein stufenloses Getriebe auch über die Grenzen hinaus möglich, die als "Standard"-Geschwindigkeiten in Europa anzutreffen sind. Durch geeignete Einstellung kann die Versuchsmenge recht klein gehalten werden, wenn auch sicher zu empfehlen ist, - wie bereits ausgeführt - die Versuchsmengen an die obere Grenze des Vertretbaren zu legen. Die Maschine ist mit einer Staubabsaugung ausgestattet.

Im Rahmen des heute Bekannten erfüllt die Maschine sicher am zweckmäßigsten die wesentlichsten Forderungen, die an eine Prüfmaschine für Strahlmittel zu stellen sind.

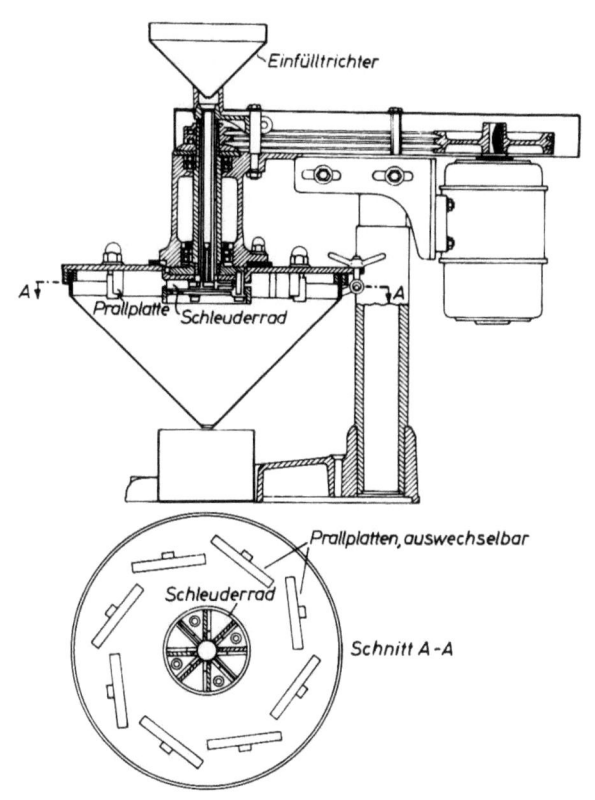

A b b i l d u n g 77
Versuchsschleuderstrahlkabine KP1 (Schema)

7. Wirkprüfung der Strahlmittel

Praktisch findet man in der Literatur auf diesem Gebiet nur eine einzige Aufgabe eingehend behandelt. Für das Kugelstrahlen wird die

Intensitätsmessung durch den Almen-Test eingehend beschrieben und der praktischen Nutzung zugänglich gemacht. Dies kann gegebenenfalls dadurch erklärt werden, daß die Entwicklung der Prüftechnik für Strahlmittel in den USA anfangs den Grund hatte, bessere Methoden für das Kugelstrahlen zu finden. So ist in der Schriftenreihe der SAE das Manual on Shot-Peening [15] sicher die Zusammenstellung, die über dieses Gebiet hinreichend Aufschluß geben kann. Nicht vergessen werden darf hierbei dann die Veröffentlichung der Firma American Wheelabrator [16], die wesentlich tiefer die Zusammenhänge behandelt. Grundsätzlich neue Erkenntnisse und Zusammenhänge werden sich hier kaum erarbeiten lassen.

Über den Zusammenhang zwischen Rauhtiefe, Abtragwirkung und Strahlmittelart gibt bisher wohl nur H. KRAUTMACHER einen Hinweis [28]. Seine Arbeit bezieht sich nur auf Drahtkorn. Die Abbildung 78 zeigt den von H. KRAUTMACHER ermittelten Zusammenhang, wobei gleichzeitig noch Lebensdauer (hier L_{50}) und Strahl-Intensität mit eingetragen sind. H. KRAUTMACHER betont, wie es auch der Berichter für richtig hält, daß diese Kenngrößen die gleiche Bedeutung wie die Lebensdauer besitzen. Sie allein aus den Ergebnissen oft fragwürdiger Betriebs-Vergleiche zu übernehmen, ist kritisch, so daß gerade das Ermitteln dieser Kennwerte stärker in den Vordergrund treten sollte. Die ausgewiesenen Werte wurden an Strahlmittelproben ermittelt, bei denen eine dem Betriebskorn angepaßte Zusammenstellung gewählt wurde.

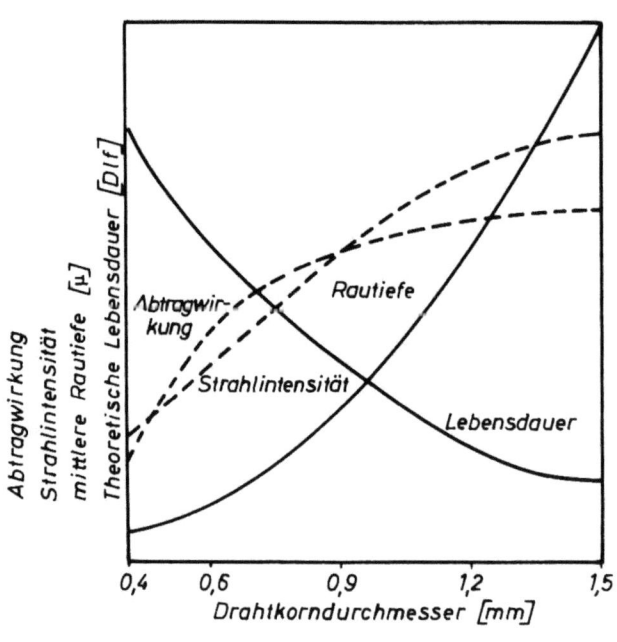

A b b i l d u n g 78

Kennwerte von Wirk- und Verschleißprüfung für Stahldrahtkorn, nach H. KRAUTMACHER, Stahl u. Eisen 1958, S. 1437

Bei der Ermittlung der Abtragwirkung stellte der Berichter sehr erhebliche Schwankungen fest. Es wäre daher eingehend zu prüfen, wie zu einer reproduzierbaren Aussage für diesen Kennwert zu kommen ist. Wegen dieser Grundsatzfrage soll hier auf die Abtragwirkung nicht weiter eingegangen werden. Jedoch darf bei diesem Kennwert nicht vergessen werden, daß er nur eine Aussage darüber macht, wieviel Material mit dem betreffenden Strahlmittel von einem homogenen Werkstoff abgetragen wird. Es ist also etwas anderes, wenn die Oberfläche eines Werkstückes bestrahlt werden soll und hier, z.B. nur eine anhaftende Fremdschicht zu entfernen ist. Obwohl vielleicht viel Material abgetragen wurde, braucht die Oberfläche noch nicht an allen Stellen von Strahlmittelteilchen getroffen und somit sauber sein. Es besteht weiter die Möglichkeit, daß zwar die gesamte, obere Schicht eines Werkstückes getroffen ist, Vertiefungen kleinster Art aber im Grund noch unberührt sind, so daß dort noch Verunreinigungen fest anhaften. Auch eine solche Oberfläche kann für bestimmte Zwecke nicht ausreichend gestrahlt sein. Über diese Zusammenhänge wurde bisher wohl kaum gearbeitet.

Der Berichter schlug deshalb den Kennwert "Sauber Putzen" vor, für den im Normvorschlag (siehe Anlage) dann "relative Strahlzeit" gewählt wurde. Es wird die Strahlzeit, aber auch die Strahlmittelmenge bestimmt, die erforderlich ist, um ein Probeplättchen z.B. "sauber" zu putzen. Es kann hier auch die Strahldauer für die zweckmäßige Strahlintensität gemessen werden oder jede sonst geeignet erscheinende Behandlung des Werkstückes durch den Strahlvorgang. Es muß dann nur angeführt werden, welcher Bearbeitungsvorgang untersucht wurde. Die richtige und ausreichende Festlegung des jeweiligen Bearbeitungserfolges ist eingehend zu beachten. Für das "Sauberputzen" zur Ermittlung der relativen Strahlzeit beim Putzen, legte der Berichter Prüfplättchen von 65;65 mm an gekennzeichnete Stellen der Strahlkabine Duisburg (siehe Abb. 76, Seite 171). Diese wurden nun mit kleinen Mengen, jeweils etwa 250 g des zu untersuchenden Materials, bestrahlt. War mit Hilfe der Lupe keine Unsauberkeit und keine unbestrahlte Stelle zu finden, so wurde der Strahlvorgang als beendet angesehen. Es wurde jeweils die Menge und die Durchsatzzeit ermittelt. Die Plättchen wurden nach jedem Durchgang um 90° gedreht.

Diese Untersuchungen sind mit erheblichen Schwierigkeiten verbunden. Es ist einerseits nicht festzulegen, an welche Stelle die Prüfplättchen zu legen sind. Die Wirkung des Strahls ist mit Sicherheit an jeder Stelle anders. Das Strahlbild aber wandert auf Grund der Kornform und der Kornabmessungen. Es kann sich als zweckmäßig erweisen, die relative Strahlzeit im Strahlbild-Mittelpunkt durchzuführen. Dabei sollte als Mittelpunkt diejenige Stelle gewählt werden, an der die "intensivste" Strahlung erfolgt. Die weitere Definition möchte der Berichter noch offen lassen. Somit ist eine feste Lage in der Kabine keine Garantie dafür, daß immer die gleichartigen Versuchsbedingungen gewählt wurden. Will man nicht nur Neukorn oder sonstige theoretische Kornzusammensetzungen prüfen, so muß erst einmal ermittelt werden, welche Beharrungskörnungen in den Betriebsmaschinen anzutreffen sind. Diese Umstände lassen erkennen, daß hier noch viel Vorarbeit erforderlich ist, ehe zu umfassenden Erörterungen der Wirkung eines Strahlmittels zu gelangen ist.

8. Schlußbetrachtung

Der Berichter hatte sich zur Aufgabe gestellt, die Strahlmittel-Untersuchung zu durchleuchten und an Hand von Versuchen und Gegenüberstellungen nachzuweisen, welche Schlüsse schon heute aus den Erkenntnissen gezogen werden können. Ziel der Aufgabe ist es, anzuregen, die noch offenen Fragen umgehend in Angriff zu nehmen.

Dabei hat sich gezeigt, daß über die Eigenschaftsprüfung etwa gleichartige Ansichten vorhanden sind. Die angewendeten Prüfmethoden und ihre Auswertung wird gleichartig beurteilt. Dies mag darin begründet liegen, daß althergebrachte Untersuchungsverfahren zum Einsatz kommen.

Bei der Verschleißprüfung ist man sich darüber einig, welche generellen Versuchsdurchführungen und Auswertungen sich durchführen lassen. Jedoch ist die Frage zum Teil noch ungeklärt, welche Aussagefähigkeit die einzelnen Verfahren besitzen. Auch ist der Zusammenhang zwischen den einzelnen Konngrößen im wesentlichen noch unbekannt. Besonders kritisch aber erscheint die Tatsache, daß ein Vergleich der Meßergebnisse auf verschiedenen Maschinen kaum zu finden ist. Auch wird die Diskussion hier möglichst vermieden.

Bei der Wirkprüfung bestand die Notwendigkeit, Meßzahlen für die Strahlintensität beim Kugelstrahlen zu finden. Ohne diese Größe konnte die Wirkung des Verfahrens auch im Betrieb in keiner Weise beurteilt werden. Das Verfahren wäre also somit nicht einsetzbar gewesen. Daher erklärt sich die Tatsache, daß für diese Teilaufgabe der Wirkprüfung ausreichende Unterlagen und Erkenntnisse vorhanden sind.

Die anderen Wirk-Untersuchungen beziehen sich auf Aufgaben (z.B. Putzen, Entrosten), die in der betreffenden Industrie bisher oft recht nebensächlich behandelt wurden. Das Bemühen um die Durchdringung wird mehr von denen vorangetrieben, die sich vom Wissenschaftlichen her mit der Strahlverfahrenstechnik befassen. Die Praxis steht - wenn dieser Ausdruck überhaupt den Sachverhalt richtig kennzeichnen kann - abwartend daneben. Mit den bisher verwendeten Mitteln ließ sich die Arbeit in der Praxis durchführen. Daher ist scheinbar kein sichtbarer Grund vorhanden, sich um Verbesserungen zu bemühen. Somit ist der Drang nach einer eingehenden Beurteilung der weiteren Wirkungen des Strahlens nicht in gleicher Weise gegeben. Für die Untersuchenden kommt hinzu, daß sie erst ihr Augenmerk auf die Verschleißprüfung richteten, denn hier sind schneller Fortschritte in der Erkenntnis zu erlangen, da man sich über die anzustellenden Untersuchungen dort im wesentlichen einig ist. Schließlich konnte der Berichter beobachten, daß die Reproduzierbarkeit der anderen Wirkuntersuchungen ihn oft vor Schwierigkeiten stellte und immer wieder stellt. Womit wird es hier dazu kommen müssen, daß durch Gemeinschaftsarbeit erreicht wird, reproduzierbare Kennwerte zu erarbeiten. Dann werden sich daraus Schlüsse ziehen lassen, welche Eigenschaften von einem Strahlmittel zu fordern sind. Erschwert wird diese Überlegung zum Beispiel dadurch, daß für die Beurteilung der Rauhigkeit die entsprechenden Meßverfahren noch stark im Wandel sind. Abschließende Normen über die Beurteilung einer Oberfläche liegen noch nicht vor. Etwa der gleiche Zustand trifft für die Durchführung von Siebungen vor, worüber grundsätzliche Ausführungen erst in den jüngsten Tagen [44] gemacht worden sind. Die Strahlmittelprüfung aber will und soll sich nicht damit befassen, welche Schwierigkeiten bei einem angewendeten Meßverfahren (z.B. bei der Durchführung einer Siebung) sich ergeben. Die Strahlmittel-Prüfung will diese Verfahren ohne Kritik übernehmen können, um aus den Ergebnissen dann die Prüfschlüsse für die Strahlmittel zu entwickeln. Aus diesen "Unklarheiten" ergeben sich bestimmte Probleme für die Strahlmittel-Prüfung. Sie aber dürfen nicht der Grund sein, die eigentliche Aufgabe "auf die lange Bank" zu schieben.

Aus all den durchgeführten Versuchen, aber auch aus Diskussionen mit Praktikern und anderen Prüfern ergibt sich als zwingende Notwendigkeit, vorerst eine einheitliche Prüfverfahrenstechnik verbindlich festzulegen. Das Prüfen und Herausgeben von Kennwerten und Richtlinien, die nach verschiedenen Methoden erstellt sind, schaden letztlich dem

Gedanken, durch Prüfung zu einer Gütebeurteilung dieses Hilfsstoffes zu gelangen. Durch Unklarheiten in der Aussagefähigkeit der veröffentlichten Kennwerte wird das Zutraun in die Aussagefähigkeit des Prüfens überhaupt zerstört. Jedoch muß es das Ziel der hier anliegenden Aufgaben sein, eine Methode zu finden, um auch mit dem Werkstoff-"Strahlmittel" rationeller arbeiten zu können.

Daß der eingeschlagene Weg zu diesem Ziel führt, haben Teilerfolge mit Sicherheit gezeigt. Für die weiteren Arbeiten Grundlagen erstellen zu helfen, war das Anliegen dieser und weiterer folgender Arbeiten.

Dipl.-Ing. Waldemar Gesell

Literaturverzeichnis

[1] Privat-Mitteilung eines großen Elektro-Konzerns 1959

[2] "Ersatz von Quarzsand als Strahlmittel" Forschungsbericht Nr. 801 des Landes NRW

[3] "Die Gießerei" 1954 Seite 160/165

[4] Pannhäuser "Beiztechnik" Nov. 1954, Dez. 1954, Febr. 1955

[5] ZICKER, G.H. Maschinenbau und Betrieb 1931 Seite 39/42

[6] Privatmitteilung von H. Fuchs, Ennepetal-Milspe und H. Möhl, Düsseldorf

[7] "Beiztechnik" 1954 Seite 147

[8] PELTZER, O. "Stahl und Eisen" 1955 Seite 138

[9] "Klepzigs Anzeiger" 1956 Seite 369/372

[10] "Draht" 1957 Seite 332/333

[11] "Lehrbriefe für Beizer" (Beilage z.Beiztechnik) Abschn. CV
"Reinigen durch mechanische Verfahren"

[12] Geschichte des Sandstrahlens (siehe unter Nr. 2)

[13] "Blech" 1957 Seite 127/132

[14] WIRTZ, H. "Einfluß des Zunderaufbaues auf die mechanische Entzunderung von Warmband"
"Blech" 1960 Seite 74 Vorwort

[15] SAE-Manual on Shot-peening - SP - 84 Society of Automotive Engineers, New York 1952

[16] Shot Peening, Eigenverlag American Wheelabrator and Equipment Cop. Mishawaka, Ind. USA

[17] "Draht" 1957 Seite 332

[18] "Werkstatt und Betrieb" 1951 Seite 54/56

[19] "Klepzigs Anzeiger" 1954 Seite 533/536

[20] Privatmitteilung durch Herrn J. Würth

[21] Privatmitteilung durch Herrn Dr.-Ing. E. Wochinger

[22] Gießerei 1951, S. 495/97

[23] "Foundry Trade Journal" 1948 Seite 73/80

[24] "Foundry Trade Journal" vom 28.2.48

[25] "Sheet Metal Industrie" 1950 Nov./Dez.

[26] "Stahl und Eisen" 1956 Nr. 17

[27] MOTT, B.W. "Die Mikrohärteprüfung"

[28] "Stahl und Eisen" 1958 Seite 1433/1440

[29] Vergleichstabelle zum Zwick-Kleinlast-Härteprüfer Z 323 1954

[30] "Gießerei" 1952 Seite 630/634

[31] Manuskript H.P. Häberlin, Vortrag vom 29.10.52

[32] "Prüfsiebung und Darstellung der Siebanalyse" Siebtechnik Mülheim 1958, 3. Auflage

[33] "Chemie-Ingenieur-Technik" Nr. 9/57

[34] "Hochofenschlacke für Straßensplitt" "Stahl und Eisen" 1956, S. 957/64

[35] "Gießerei" 1960 Seite 49/56

[36] "Nature" 1943 Seite 539/540

[37] Netz "Tabellenbuch" Ziff. 3 121
Handbuch für Ingenieure, Formeln der Technik
Band 1 Georg Westermann Verlag Braunschweig
1960

[38] "Gießerei" 1951 Seite 497

[39] "Gießerei" 1954 Seite 160/163

[40] DIN-Mitteilungen 1955 Seite 497/500

[41] "SAE-Manual on Blast Cleaning" Society of Automotive Engineers New York Nr. SP 124

[42] "SAE-Journal" Okt. 1949 Seite 45/47

[43] "Gießerei" 1952 Seite 630/634

Strahlverfahrenstechnik

Begriffsbestimmungen

Anlage 1 zur Niederschrift Sitzung Strahlverfahrenstechnik, 11.5.60

Inhaltsverzeichnis

1 Allgemeines
2 Strahlverfahren
2.1 Druckstrahlen
2.2 Schleuderstrahlen
3 Strahlart
3.1 Reinigungsstrahlen
3.2 Oberflächenveredlungsstrahlen
3.3 Oberflächenverfestigungsstrahlen
4 Strahlmittel
4.1 Strahlmittelarten
4.2 Strahlmittelform
4.3 Strahlmittelkörnung
5 Einflußgrößen a. d. Wirkung
5.1 Strahlmittelsorte
5.2 Korngeschwindigkeit
5.3 Strahlmitteldurchsatz
5.4 Überdeckung
5.5 Strahlrichtung
5.6 Strahlauftreffwinkel
6 Kenngrößen f. d. Wirkung
6.1 Strahlzeit, spez. Strahlzeit
6.2 Strahlabtragswirkung
6.3 Hämmerwirkung
7 Oberflächen-Kennwerte
7.1 Oberflächengüte
7.2 Oberflächenveränderung
7.3 Oberflächenverfestigung
8 Strahlbild
8.1 Strahl-Flächenbild
8.2 Strahl-Fächerbild
8.3 Strahl-Raumbild

1 Allgemeines

<u>Strahlen</u> ist ein Bearbeitungsverfahren, bei dem ein Strahlmittel auf die zu behandelnde Oberfläche geschleudert wird, um eine bestimmte Oberflächengestalt und -beschaffenheit zu erzeugen. Die Einteilung erfolgt nach den Strahlverfahren, deren Einsatzmöglichkeiten, den Strahlmitteln, den Einflußgrößen und den erzielbaren Wirkungen.

2 Strahlverfahren

2.1 Druckstrahlen

Das Strahlmittel wird durch flüssige oder gasförmige Trägermittel gefördert und beschleunigt.

2.11 Druckluft-Strahlen

Das Strahlmittel wird durch einen mit hoher Geschwindigkeit austretenden Luftstrom mitgerissen und auf die zu bearbeitende Oberfläche geschleudert.

2.12 Naß-Druckluft-Strahlen

Eine Flüssigkeit mit oder ohne Zusatz eines festen Strahlmittels wird durch einen Druckluftstrahl in feintropfiger Ausbildung mit hoher Geschwindigkeit auf die zu behandelnde Oberfläche geschleudert.

2.13 Druckflüssigkeits-Strahlen

Die Oberflächenbearbeitung wird durch einen mit hoher Geschwindigkeit austretenden Wasserstrahl oder Strahl einer anderen Flüssigkeit vorgenommen, dem feste Strahlmittel beigegeben werden können.

2.2 Schleuder-Strahlen

Die gewünschte Beschleunigung des Strahlmittels wird durch ein Schleuderrad erteilt, das mit großer Geschwindigkeit umläuft, und mit Wurfschaufeln oder ähnlichen Einrichtungen versehen ist.

3. Strahlart

3.1 Reinigungsstrahlen

Das Reinigungsstrahlen dient zum Erzielen einer sauberen, bei Metallen einer metallischen Oberfläche für eine nachfolgende mechanische, chemische oder sonstige Behandlung durch z.B.

3.11 Putzstrahlen

Reinigen von Oberflächen.

3.12 Entzunderungsstrahlen

Entfernen der Zunderhaut.

3.13 Entrostungsstrahlen

Entfernen von Rost als Vorbereitungsarbeit für den Korrosionsschutz von Oberflächen.

3.2 Oberflächenveredlungsstrahlen

Herstellung geeigneter Oberflächen, die selbst oder in Verbindung mit aufzubringenden Überzügen, wie Farbanstrichen, Lackschichten, galvanisch niedergeschlagenen Metallen, Emaille usw., benötigt werden. Es findet meist ein Abtragen von Werkstoff sowie eine Verformung der Oberfläche statt. Es wird unterschieden:

3.21 <u>Rauh-Strahlen</u>
3.22 <u>Glättstrahlen</u>
3.23 <u>Polierstrahlen</u>
3.24 <u>Läppstrahlen</u>

Die Erläuterungen zu 3.21 bis 3.24 werden von Herrn Dr. Wirtz noch festgelegt.

3.3 <u>Oberflächenverfestigungsstrahlen</u>

Strahlen zum Erhöhen der Dauerschwingfestigkeit durch Oberflächen verfestigen.

4. <u>Strahlmittel</u>

Strahlmittel sind die Werkzeuge des Strahlverfahrens. Sie sind meist fester, körniger Art, gelegentlich aber auch Flüssigkeiten oder ein Gemenge aus beiden Stoffen. Die Flüssigkeiten dienen allgemein gleichzeitig als Energieträger. Die festen Strahlmittel können metallischer, mineralischer oder organischer Beschaffenheit sein.

4.1 <u>Strahlmittelarten</u> (Siehe Tafel 1; vgl. Abb. 5 des vorliegenden Berichtes.)

Die Einteilung erfolgt nach dem Zustand der Zusammensetzung, der Gewinnung oder Herstellung, Kornform, Korngröße und -Härte.

4.11 <u>Flüssige Strahlmittel</u>

4.12 <u>Feste Strahlmittel</u>

4.121 <u>Metallische Strahlmittel</u>

4.121.1 Eisen Strahlmittel sind Strahlmittel auf Eisengrundlage, wie z.B.

		Kurzzeichen[1])	
Hartguß-Strahlmittel	Hartgußschrot		GH-Schrot
	Hartgußkies	"	GH-Kies
Temperguß-Strahlmittel	Tempergußschrot	"	GT-Schrot
	Tempergußkies	"	GT-Kies
Stahlguß-Strahlmittel	Stahlgußschrot	"	GS-Schrot
	Stahlgußkies	"	GS-Kies
Stahl-Strahlmittel	Stahldrahtkorn	"	St-Drahtkorn
	Stahlblechkorn		

Die Werkstoffe können legiert und/oder wärmebehandelt sein.

---

1. Für den Werkstoff sind Kurzzeichen nach DIN 17 006 gewählt.

4.121.2 NE-Metall-Strahlmittel sind Strahlmittelarten aus Leicht- und Schwermetallen.

4.122 **Nichtmetallische Strahlmittel**
Unter nichtmetallischen Strahlmitteln sind zu verstehen:

4.122.1 mineralische Strahlmittel:
natürliche z.B. Basalt, Granat, anderer Gesteinssplitt
künstliche z.B. Korund, Glas, Schlacken

4.122.2 organische Strahlmittel
natürliche z.B. Nußschalen, Holzstückchen
künstliche z.B. Kunststoffteilchen (auch beschwert).

4.2 **Strahlmittelform**
Die Kornform wird nach dem Anlieferungszustand gekennzeichnet, gleichgültig, ob das Strahlmittel im Einsatz diese Form beibehält oder nicht. Es wird unterschieden in:

    4.31 Schrot   (Kurzzeichen S)
    4.32 Kies   (Kurzzeichen K)
    4.33 Drahtkorn   (Kurzzeichen D)
    4.34 Blechkorn   (Kurzzeichen B)

4.21 **Schrot**
Schrot für Strahlzwecke ist ein Granulat, das nach dem Zerstäuben und schnellem Abschrecken eines flüssigen, metallischen Werkstoffes in kugeliger oder nahezu kugeliger Form anfällt.

Die Bezeichnung "Schrot" gilt auch beim Vorhandensein von Fehlformen dieser Herstellungsart, die oval, als Stäbchen oder Hohlkugeln mit auftreten, wenn die kugelige Kornform vorherrscht. Dieses Strahlmittel darf keine Bruchkanten aufweisen.

4.22 **Kies**
Kies ist die unregelmäßige, kantige Kornform, die sich beim Brechen von Schrot oder sonstigem spröden Ausgangswerkstoff ergibt, und wie sie bei natürlichen mineralischen Strahlmitteln vorkommt.

4.23 **Drahtkorn**
Drahtkorn wird durch Schneiden von Drähten auf gleiche Längen hergestellt. Die Ausgangskörnung ist theoretisch einheitlich.

4.24 <u>Blechkorn</u>
Blechkorn wird durch Schneiden von Blech in regelmäßigen Kornformen erzeugt. Die Ausgangskörnung ist theoretisch einheitlich.

4.3 <u>Strahlmittelkörnung</u>
Die Bezeichnung "Körnung" umschließt alle Größen, die zum Festlegen der Kornabmessungen nötig sind. Für Schrot und Kies als Korngemenge gelten Richtwerte für Maß- und Formabweichungen sowie Siebvorschriften, für Schnittformen die festgelegten Maß- und Formabweichungen. Die Bezeichnung "Korn" gilt für das Strahlmittel als Einzelteilchen (Mehrzahl Körner).

4.31 <u>Nennkörnung</u>
Nennkörnung ist die Korngrößenbezeichnung eines Strahlmittels.

4.32 <u>Sollkörnung</u>
Sollkörnung ist der innerhalb eines auf die Nennkörnung bezogenen Siebbereiches geforderte Anteil in Gewichtsprozent.

4.33 <u>Istkörnung</u>
Istkörnung ist der durch Siebanalysen tatsächlich ermittelte Anteil der einzelnen Korngrößen in Gewichtsprozent.

5. <u>Einflußgrößen auf die Wirkung</u>
Folgende Einflußgrößen bestimmen die Ausbildung der Oberfläche, die Abtragswirkung und den Werkstoffzustand nach dem Strahlen.

5.1 <u>Strahlmittelsorte</u>
Zusammensetzung, Gewinnung oder Herstellung, Kornform, Korngröße.

5.2 <u>Strahlmittelgeschwindigkeit</u>
Die Strahlmittelgeschwindigkeit ist die Geschwindigkeit des Strahlmittels an jeder Stelle des Strahles und wird in m/s ausgedrückt.

5.3 <u>Strahlmitteldurchsatz</u>
Der Strahlmitteldurchsatz ist die Gewichtsmenge, die in der Minute auf das Strahlgut geschleudert wird.

5.4 <u>Überdeckung</u>
Der Strahlmittelbedeckungsgrad gibt die Strahlenmenge an (bei festen Strahlmitteln in Verbindung mit der Angabe der Kornzahl),

die je Zeit- und Flächeneinheit auf die Oberfläche des Strahlgutes auftrifft.

5.5 Strahlauftreffwinkel

Der Strahlauftreffwinkel ist der Winkel zwischen der Flugrichtung des Strahlmittels und der Tangentialebene an das Strahlgut.

6. Kenngrößen für die Wirkung

6.1 Strahlzeit, spezifische Strahlzeit

Strahlzeit ist die Zeit, die das Strahlgut dem Strahlmittel ausgesetzt ist.

Spezifische Strahlzeit ist die Mindestzeit, die benötigt wird, um einen festgelegten Oberflächenausschnitt an einer bestimmten Stelle des Strahles so zu bearbeiten, daß die gewünschte Wirkung erzielt wird.

6.2 Strahlabtragswirkung

Unter Strahlabtragswirkung ist das Abtragen von Fremdschichten oder Werkstoffen von der Oberfläche des Strahlgutes zu verstehen. Sie wird als abgetragene Gewichtsmenge pro Flächen- und Zeiteinheit festgelegt.

6.3 Strahlintensität

Die Strahlintensität ist ein Maß für die Hammerwirkung des Strahlmittels auf die Oberfläche des Strahlgutes.

7. Oberflächen-Kennwerte

7.1 Oberflächengüte

Die Oberflächengüte wird nach DIN 4760 und den folgenden Normblättern über die Oberflächenfeinstgestalt festgelegt.

7.2 Oberflächenveränderung

Unter Oberflächenveränderung ist die Vergrößerung oder Verkleinerung der Oberfläche nach dem Strahlen zu verstehen, die durch das Aufrauhen oder Glätten der gestrahlten Oberfläche erfolgt. Sie wird bezogen auf den Oberflächenzustand vor dem Strahlen.

7.3 Oberflächenverfestigung

Unter Oberflächenverfestigung ist die Kalthärtung der Oberfläche zu verstehen, die beim Strahlen durch die Hämmerwirkung erzielt wird. Die Verfestigung der gestrahlten Fläche wird angegeben durch Messung der Härte jeweils vor und nach dem Strahlen.

8. **Strahlbild**

    Strahlbild ist die bildliche Darstellung des Strahlmittelstrahles.

8.1 **Strahl-Flächenbild**

    Strahl-Flächenbild ist die Aufzeichnung, Abbildung oder Darstellung eines Strahlmittelstrahles in einer gewünschten Auftreffebene quer zur Strahlrichtung.

8.2 **Strahl-Fächerbild**

    Das Strahl-Fächerbild ist die Aufzeichnung, Abbildung oder Darstellung eines Strahlmittelstrahles in einer Ebene in Strahlrichtung.

8.3 **Strahl-Raumbild**

    Strahl-Raumbild ist die räumliche Darstellung des Strahles.

Tafel 1

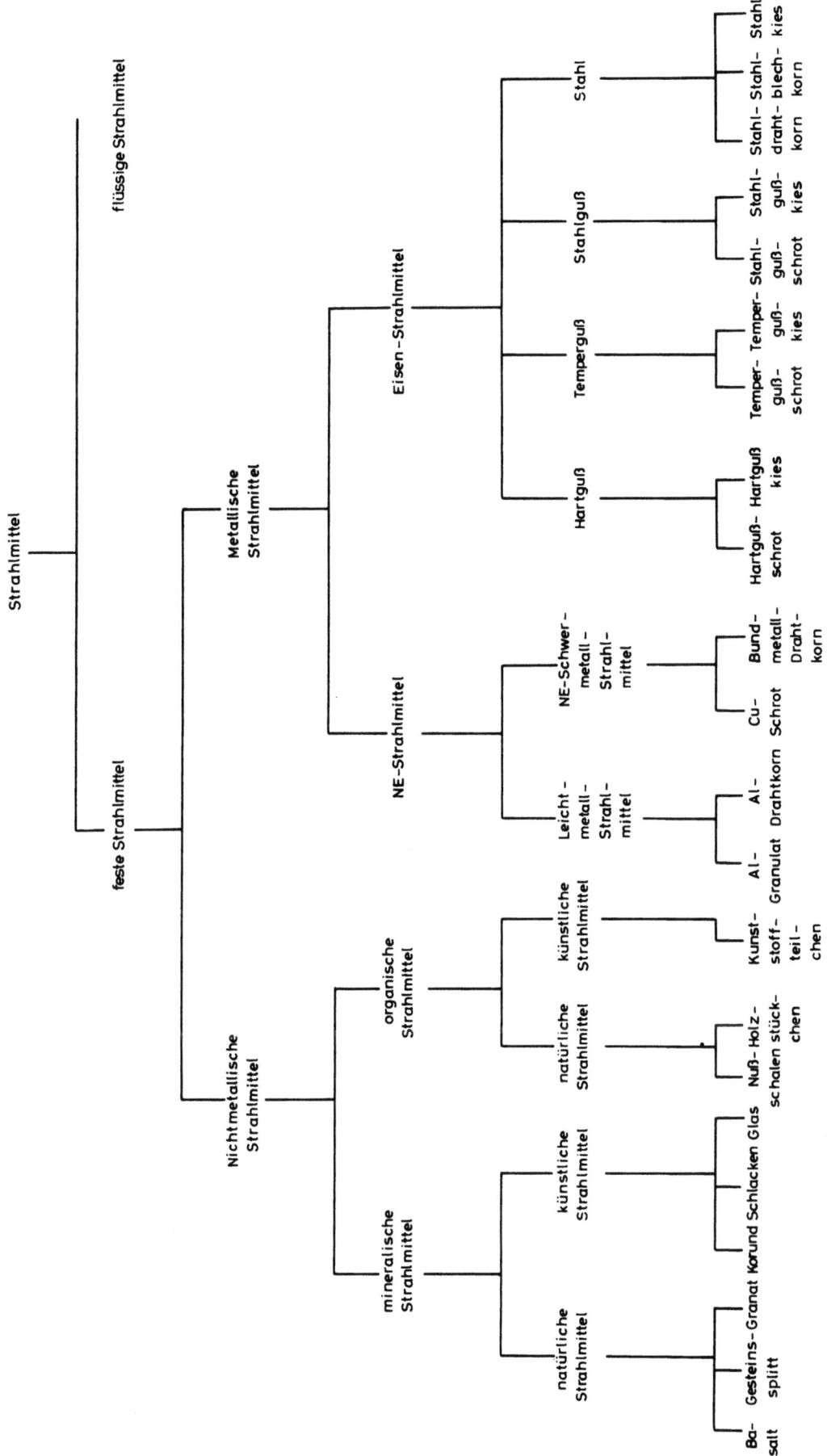

Seite 188

FORSCHUNGSBERICHTE
DES LANDES NORDRHEIN-WESTFALEN

Herausgegeben durch das Kultusministerium

MASCHINENBAU

HEFT 45
Losenhausenwerk Düsseldorfer Maschinenbau AG., Düsseldorf
Untersuchungen von störenden Einflüssen auf die Lastgrenzenanzeige von Dauerschwingprüfmaschinen
1953, 36 Seiten, 11 Abb., 3 Tabellen, DM 7,25

HEFT 77
Meteor Apparatebau Paul Schmeck GmbH., Siegen
Entwicklung von Leuchtstoffröhren hoher Leistung
1954, 46 Seiten, 12 Abb., 2 Tabellen, DM 9,15

HEFT 100
Prof. Dr.-Ing. H. Opitz, Aachen
Untersuchungen von elektrischen Antrieben, Steuerungen und Regelungen an Werkzeugmaschinen
1955, 166 Seiten, 71 Abb., 3 Tabellen, DM 31,30

HEFT 136
Dipl.-Phys. P. Pilz, Remscheid
Über spezielle Probleme der Zerkleinerungstechnik von Weichstoffen
1955, 58 Seiten, 19 Abb., 2 Tabellen, DM 11,50

HEFT 147
Dr.-Ing. W. Rudisch, Unna
Untersuchung einer drehelastischen Elektromagnet-Synchronkupplung
1955, 82 Seiten, 65 Abb., DM 17,70

HEFT 183
Dr. W. Bornheim, Köln
Entwicklungsarbeiten an Flaschen- und Ampullen-Behandlungsmaschinen für die pharmazeutische Industrie
1956, 48 Seiten, 24 Abb., DM 11,70

HEFT 212
Dipl.-Ing. H. Spodig, Selm
Untersuchung zur Anwendung der Dauermagnete in der Technik
1955, 44 Seiten, 25 Abb., DM 9,80

HEFT 295
Prof. Dr.-Ing. H. Opitz und Dipl.-Ing. H. Axer, Aachen
Untersuchung und Weiterentwicklung neuartiger elektrischer Bearbeitungsverfahren
1956, 42 Seiten, 27 Abb., DM 10,30

HEFT 298
Prof. Dr.-Ing. E. Oehler, Aachen
Untersuchung von kritischen Drehzahlen, die durch Kreiselmomente verursacht werden
1956, 50 Seiten, 35 Abb., DM 13,15

HEFT 384
Prof. Dr.-Ing. H. Opitz, Aachen
Schwingungsuntersuchungen an Werkzeugmaschinen
1958, 66 Seiten, 73 Abb., DM 20,40

HEFT 412
Prof. Dr.-Ing. H. Opitz, Aachen
Kennwerte und Leistungsbedarf für Werkzeugmaschinengetriebe
1958, 72 Seiten, 35 Abb., DM 17,20

HEFT 506
Prof. Dr.-Ing. W. Meyer zur Capellen, Aachen
Der Flächeninhalt von Koppelkurven. Ein Beitrag zu ihrem Formenwandel
1958, 74 Seiten, 26 Abb., DM 21,50

HEFT 533
Prof. Dr.-Ing. H. Opitz und Dipl.-Ing. W. Hölken, Aachen
Untersuchung von Ratterschwingungen an Drehbänken
1958, 70 Seiten, 44 Abb., 2 Tabellen, DM 19,70

HEFT 606
Oberbaurat Prof. Dr.-Ing. W. Meyer zur Capellen, Aachen
Eine Getriebegruppe mit stationärem Geschwindigkeitsverlauf
1958, 34 Seiten, 21 Abb., DM 10,50

HEFT 631
Dr. E. Wedekind, Krefeld
Der Einfluß der Automatisierung auf die Struktur der Maschinen- und Arbeiterzeiten am mehrstelligen Arbeitsplatz in der Textilindustrie
1958, 72 Seiten, 32 Abb., 8 Tabellen, DM 21,10

HEFT 667
Prof. Dr.-Ing. H. Opitz und Dipl.-Ing. H. de Jong, Aachen
Schwingungs- und Geräuschuntersuchung an ortsfesten Getrieben
1959, 32 Seiten, 28 Abb., 2 Tabellen, DM 10,30

HEFT 668
Prof. Dr.-Ing. H. Opitz, Dipl.-Ing. G. Ostermann und Dipl.-Ing. M. Gappisch, Aachen
Beobachtungen über den Verschleiß an Hartmetallwerkzeugen
1958, 38 Seiten, 26 Abb., DM 12,—

HEFT 669
Prof. Dr.-Ing. H. Opitz, Dipl.-Ing. H. Uhrmeister und Dipl.-Ing. K. Jüstel, Aachen
Aufbau und Wirkungsweise einer Magnetbandsteuerung
1958, 50 Seiten, 39 Abb., DM 15,—

HEFT 670
Prof. Dr.-Ing. H. Opitz und Dipl.-Ing. W. Backé, Aachen
Untersuchung von Kopiersteuerungen
1959, 70 Seiten, 54 Abb., DM 18,80

HEFT 671
Prof. Dr.-Ing. H. Opitz, Dr.-Ing. R. Piekenbrink und Dipl.-Ing. K. Honrath, Aachen
Untersuchungen an Werkzeugmaschinenelementen
1959, 70 Seiten, 71 Abb., DM 20,—

HEFT 672
Prof. Dr.-Ing. H. Opitz, Dipl.-Ing. H. Heiermann und Dipl.-Ing. B. Rupprecht, Aachen
Untersuchungen beim Innenrundschleifen
1959, 34 Seiten, 50 Abb., DM 11,50

HEFT 673
Prof. Dr.-Ing. H. Opitz, Dipl.-Ing. H. Obrig und Dipl.-Ing. K. Ganser, Aachen
Die Bearbeitung von Werkzeugstoffen durch funkenerosives Senken
1959, 60 Seiten, 41 Abb., 1 Tabelle, DM 18,—

HEFT 676
Prof. Dr.-Ing. W. Meyer zur Capellen, Aachen
Harmonische Analyse bei Kurbeltrieben.
I. Allgemeine Zusammenhänge
1959, 38 Seiten, 10 Abb., DM 11,50

HEFT 695
Dr.-Ing. W. Herding, München
Die Fahrdynamik und das Arbeitsspiel gleisloser Erdbaugeräte als Kalkulationsgrundlage für die Bodenförderung und ihre Kosten
1960, 178 Seiten, 89 Abb., 18 Tabellen, DM 49,—

HEFT 718
Prof. Dr.-Ing. W. Meyer zur Capellen, Aachen
Die geschränkte Kurbelschleife
I. Die Bewegungsverhältnisse
1959, 110 Seiten, 54 Abb., DM 29,20

HEFT 764
Prof. Dr.-Ing. H. Opitz, Dr.-Ing. H. Siebel und Dipl.-Ing. R. Fleck, Aachen
Keramische Schneidstoffe
1959, 30 Seiten, 18 Abb., DM 9,80

HEFT 772
Prof. Dr.-Ing. W. Meyer zur Capellen
Nomogramme zur geneigten Sinuslinie
1959, 28 Seiten, 11 Abb., DM 8,50

HEFT 775
Prof. Dr.-Ing. H. Opitz
Automatische Erfassung der Maßabweichung der Werkstücke zum Zweck der selbständigen Korrektur der Maschine
1959, 38 Seiten, 27 Abb., DM 11,40

HEFT 777
Prof. Dr.-Ing. H. Opitz und Dipl.-Ing. P.-H. Brammertz, Aachen
Werkstückgüte und Fertigkeitskosten beim Innen-Feindrehen und Außenrund-Einsteckschleifen
1959, 92 Seiten, 68 Abb., DM 25,30

HEFT 788
Prof. Dr.-Ing. Herwart Opitz, Aachen
Der Einsatz radioaktiver Isotope bei Zerspannungsuntersuchungen
1959, 36 Seiten, 23 Abb., DM 11,30

HEFT 794
Dipl.-Ing. Reinhard Wilken, Düsseldorf
Das Biegen von Innenborden mit Stempeln
1959, 82 Seiten, DM 22,40

HEFT 801
Baurat Dipl.-Ing. Gesell, Duisburg
Ersatz von Quarzsand als Strahlmittel
1960, 66 Seiten, 12 Abb., 4 Tabellen, 17 Diagramme, DM 18,90

HEFT 803
Prof. Dr.-Ing. W. Meyer zur Capellen und Dipl.-Ing. E. Lenk, Aachen
Harmonische Analyse bei Kurbeltrieben. Teil II: Gleichschenklige Getriebe
1960, 69 Seiten, 15 Abb., DM 18,40

HEFT 804
Prof. Dr.-Ing. W. Meyer zur Capellen und Dipl.-Ing. W. Rath, Aachen
Die geschränkte Kurbelschleife. Teil II: Die Harmonische Analyse
1960, 66 Seiten, 14 Abb., DM 18,90

HEFT 806
Prof. Dr.-Ing. H. Opitz u. a., Aachen
Untersuchungen von Zahnradgetrieben und Zahnradbearbeitungsmaschinen
1960, 95 Seiten, 81 Abb., DM 29,30

HEFT 809
Prof. Dr.-Ing. H. Opitz und Dipl.-Ing. H. H. Herold, Aachen
Untersuchung von elektro-mechanischen Schaltelementen
1960, 35 Seiten, 16 Abb., DM 11,—

HEFT 810
Prof. Dr.-Ing. H. Opitz und Dr.-Ing. N. Maas, Aachen
Das dynamische Verhalten von Lastschaltgetrieben
1960, 97 Seiten, 77 Abb., DM 29,30

HEFT 811
Prof. Dr.-Ing. H. Opitz und Dipl.-Ing. H. Bürklin, Aachen Fa. Schoppe & Faeser, Minden, bearbeitet im Auftrage des Forschungsinstitutes für Rationalisierung in Aachen
Über Weggeber für automatisch gesteuerte Arbeitsmaschinen

HEFT 820
Prof. Dr.-Ing. H. Opitz, Dipl.-Ing. H. Rohde und Dipl.-Ing. W. König, Aachen
Untersuchungen der Spanformung durch Spanbrecher beim Drehen mit Hartmetallwerkzeugen
1960, 35 Seiten, 16 Abb., DM 15,80

HEFT 830
Prof. Dr.-Ing. H. Opitz und Dipl.-Ing. W. Backé, Aachen
Automatisierung des Arbeitsablaufes in der spanabhebenden Fertigung

HEFT 831
Prof. Dr.-Ing. H. Opitz, Dr.-Ing. H.-G. Rohs und Dr.-Ing. G. Stute, Aachen
Statistische Untersuchungen über die Ausnutzung von Werkzeugmaschinen in der Einzel- und Massenfertigung
1960, 38 Seiten, 32 Abb., DM 13,—

HEFT 864
Prof. Dr.-Ing. H. Opitz, Aachen
Funkenarbeit und Bearbeitungsergebnis bei der funkenerosiven Bearbeitung
1960, 44 Seiten, 19 Abb., DM 13,10

HEFT 873
*Prof. Dr.-Ing. W. Meyer zur Capellen und
Dipl.-Ing. W. Rath, Aachen*
Kinematik der sphärischen Schubkurbel
1960, 38 Seiten, 13 Abb., DM 11,20

HEFT 887
Baurat Dipl.-Ing. W. Gesell, Duisburg
Arbeiten mit Preß-Formmaschinen unter Normal-Bedingungen und bei hohen spezifischen Preßdrucken

HEFT 898
Prof. Dr.-Ing. H. Opitz und H. de Jong, Aachen
Untersuchung von Zahnradgetrieben und Zahnradbearbeitungsmaschinen in Zusammenarbeit mit der Industrie

HEFT 900
Prof. Dr.-Ing. H. Opitz und Dr.-Ing. J. Bielefeld, Aachen
Automatisierung der Werkzeugmaschine für die spanabhebende Bearbeitung

HEFT 901
*Prof. Dr.-Ing. H. Opitz, Dr.-Ing. J. Bielefeld und
Dipl.-Ing. W. Kalkert, Aachen*
Lebensdauerprüfung von Zahnradgetrieben

Ein Gesamtverzeichnis der Forschungsberichte, die folgende Gebiete umfassen, kann bei Bedarf vom Verlag angefordert werden:
Acetylen / Schweißtechnik – Arbeitspsychologie und -wissenschaft – Bau / Steine / Erden – Bergbau – Biologie – Chemie – Eisenverarbeitende Industrie – Elektrotechnik / Optik – Fahrzeugbau / Gasmotoren – Farbe / Papier / Photographie – Fertigung – Gaswirtschaft – Hüttenwesen / Werkstoffkunde – Luftfahrt / Flugwissenschaften – Maschinenbau – Medizin / Pharmakologie / Physiologie – NE-Metalle – Physik – Schall / Ultraschall – Schiffahrt – Textiltechnik / Faserforschung / Wäschereiforschung – Turbinen – Verkehr – Wirtschaftswissenschaften.

MIX
Papier aus verantwortungsvollen Quellen
Paper from responsible sources
FSC® C105338

If you have any concerns about our products,
you can contact us on
ProductSafety@springernature.com

In case Publisher is established outside the EU,
the EU authorized representative is:
**Springer Nature Customer Service Center GmbH
Europaplatz 3, 69115 Heidelberg, Germany**

Printed by Libri Plureos GmbH
in Hamburg, Germany